AF294080

PRINCIPES

DE LA

CONSTRUCTION DES TURBINES

D'APRÈS UNE NOUVELLE MÉTHODE

POUR

LA DÉTERMINATION RATIONNELLE DE LA FORME DES AUBES

SUIVIS DE

LA THÉORIE ET DES PRINCIPES DE LA CONSTRUCTION DES POMPES CENTRIFUGES

PAR

LUCIEN VALLET

INGÉNIEUR

ANCIEN ÉLÈVE DE L'ÉCOLE DES ARTS ET MÉTIERS DE CHALONS

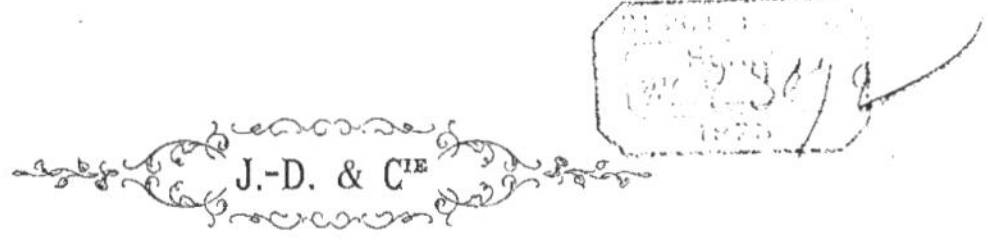

PARIS

IMPRIMERIE DE L'ÉCOLE CENTRALE DES ARTS & MANUFACTURES
ET DE LA SOCIÉTÉ
DES ANCIENS ÉLÈVES DES ÉCOLES D'ARTS & MÉTIERS
J. DEJEY & Cⁱᵉ, ÉDITEURS
18 — RUE DE LA PERLE — 18

1875

TABLE DES PLANCHES

PLANCHES I. — Généralités.

— II. — Détermination des trajectoires dans les turbines à réaction.

— III. — Détermination de la forme des aubes dans les turbines à réaction.

— IV. — Tracé des directrices; disposition de l'épure pour la construction des boîtes à noyaux.

— V. — Coupe verticale d'une turbine à réaction de la force de 20 chevaux sous une chute de 4 mètres.

— VI. — Détermination des trajectoires dans les turbines à libre déviation.

— VII. — Détermination de la section méridienne de la couronne et de la forme des aubes dans les turbines à libre déviation.

— VII bis. — Détermination de la forme des aubes et de la section méridienne de la couronne dans les turbines à libre déviation.

— VIII. — Coupe verticale d'une turbine à libre déviation de la force de 20 chevaux sous une chute de 4 mètres.

— IX. — Turbines pour basses chutes; coupe verticale d'une turbine de la force de 20 chevaux sous une chute de $0^m,50$.

— X. — Détermination des trajectoires. — Trajectoires relatives. — Trajectoires absolues.

— XI. — Détermination de la forme des aubes et de la section méridienne de la couronne. 1er cas.

— XII. — Détermination de la forme des aubes et de la section méridienne de la couronne. 2me cas.

— XIII. — Détermination de la forme des aubes et de la section méridienne de la couronne. 3me cas.

— XIV. — Constructions des pompes centrifuges. — Coupe verticale d'une pompe centrifuge.

GÉNÉRALITÉS.

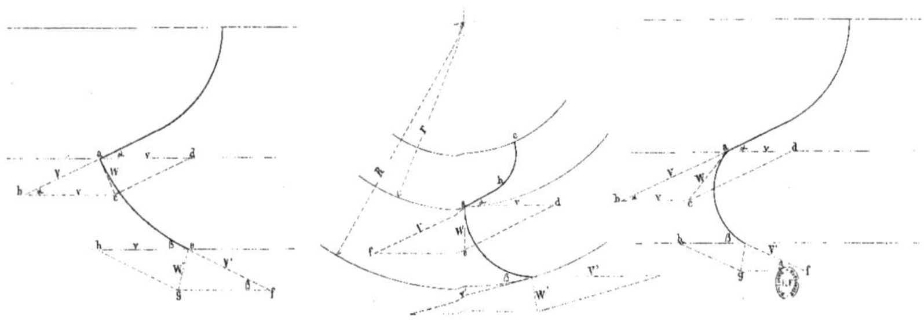

DÉTERMINATION DES TRAJECTOIRES DANS LES TURBINES A RÉACTION.

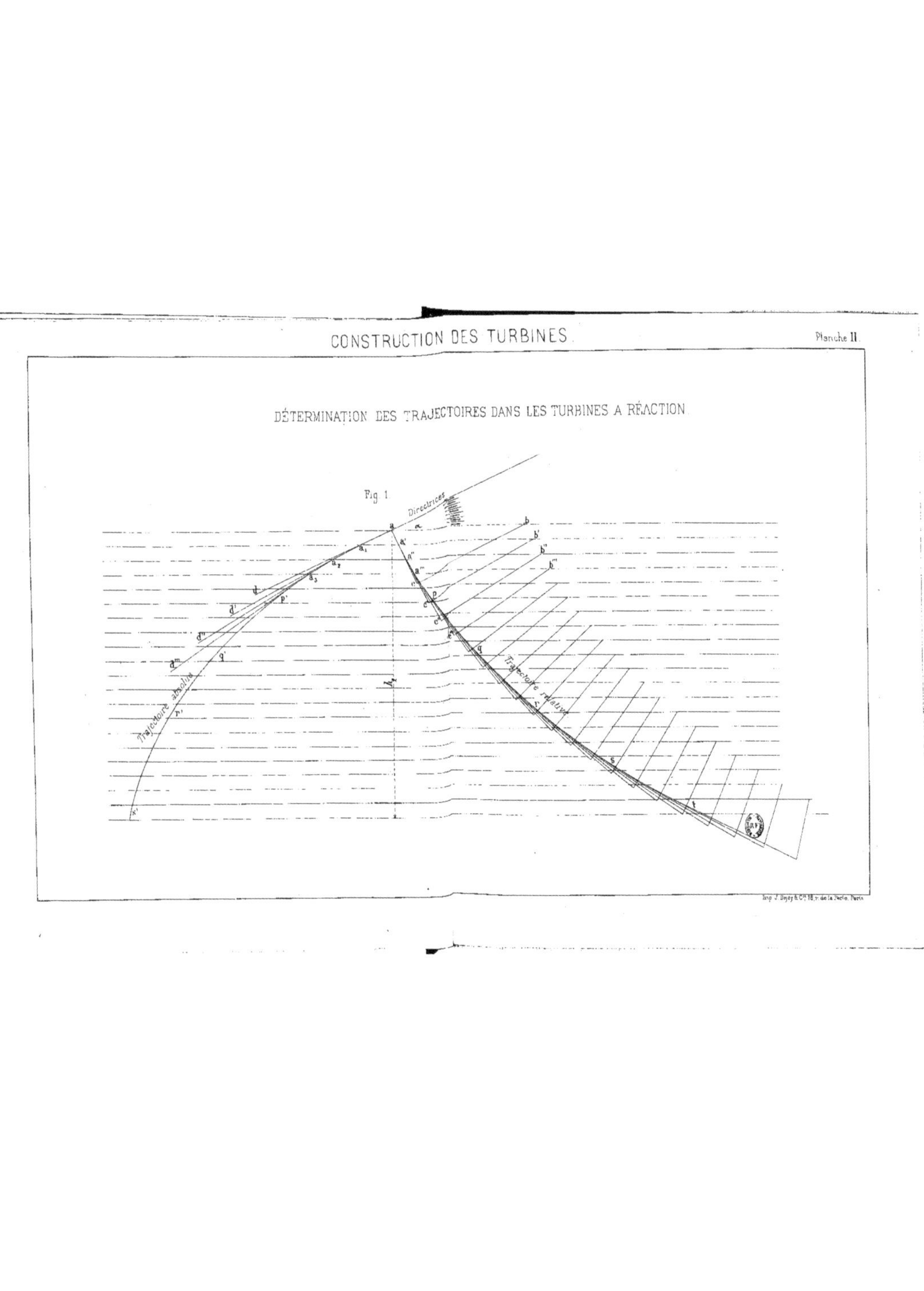

Imp. J. Dupuy & Cie, 18, r. de la Parch. Paris

DÉTERMINATION DE LA FORME DES AUBES DANS LES TURBINES A RÉACTION.

Fig 1. Grandeur d'exécution

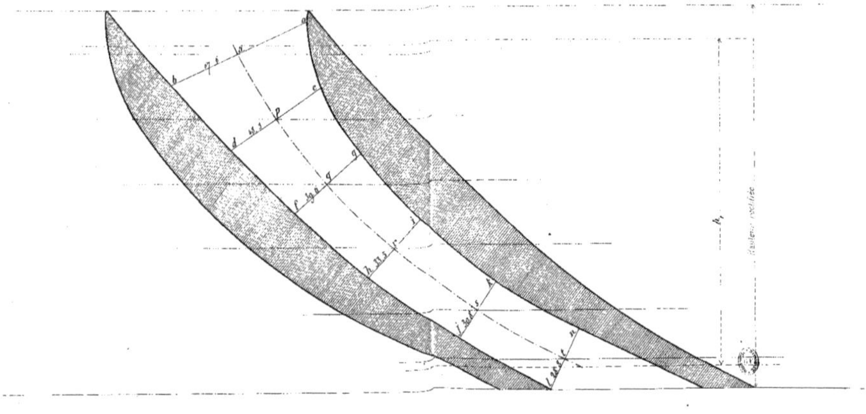

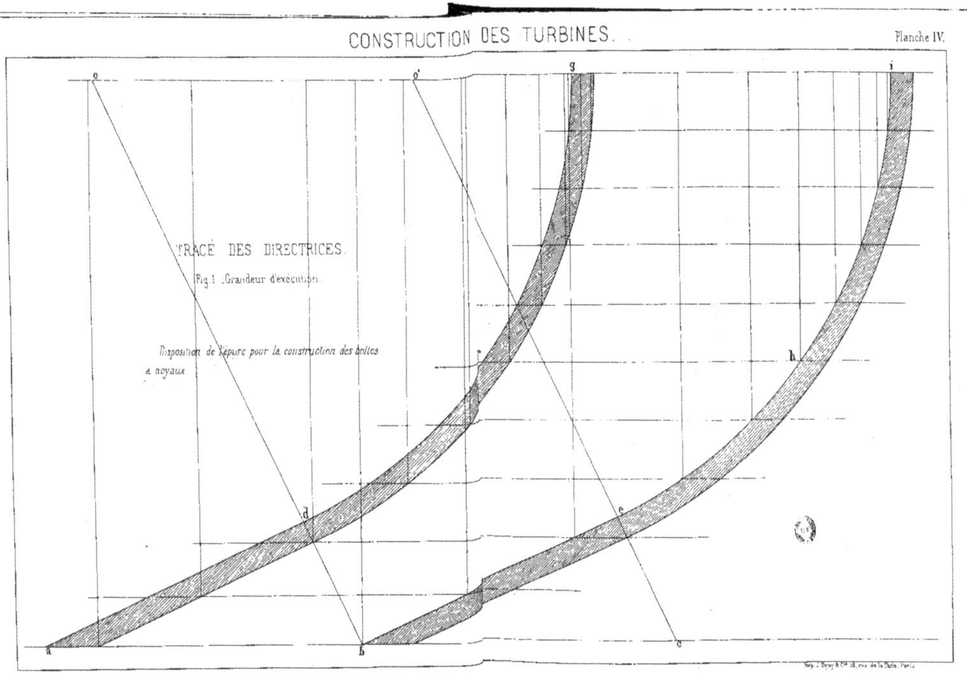

Fig. 1. — Grandeur d'exécution.

Disposition de l'épure pour la construction des boîtes à noyaux.

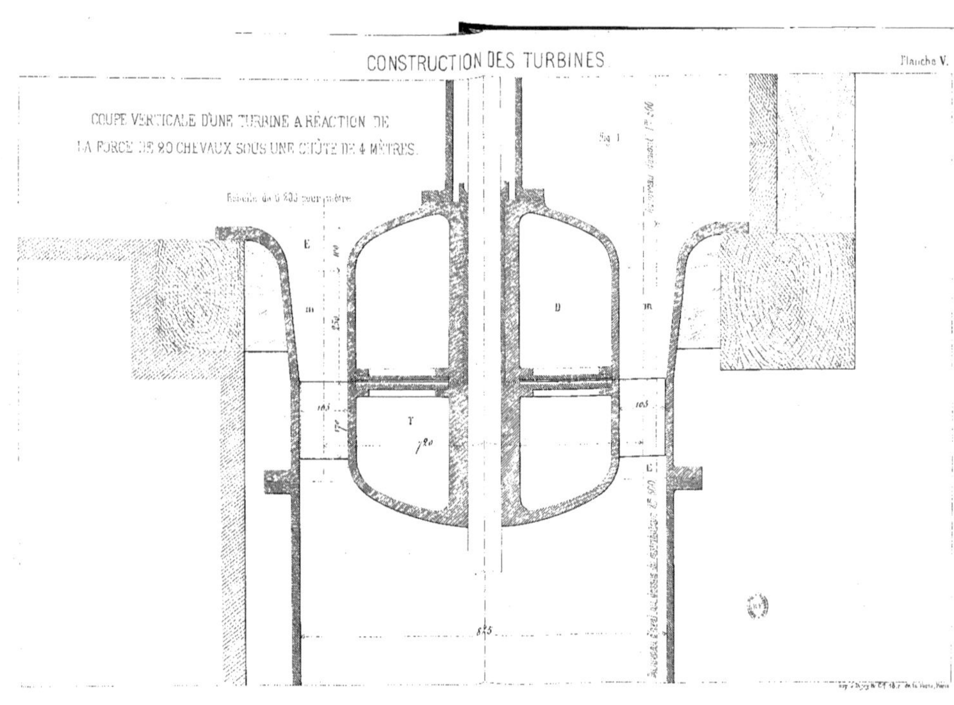
Planche V.
COUPE VERTICALE D'UNE TURBINE A RÉACTION DE
LA FORCE DE 20 CHEVAUX SOUS UNE CHUTE DE 4 MÈTRES.
Fig. 1
Échelle de 0.033 pour mètre
E
D
T
m
m
E
C
825

DÉTERMINATION DES TRAJECTOIRES DANS LES TURBINES A LIBRE DÉVIATION.

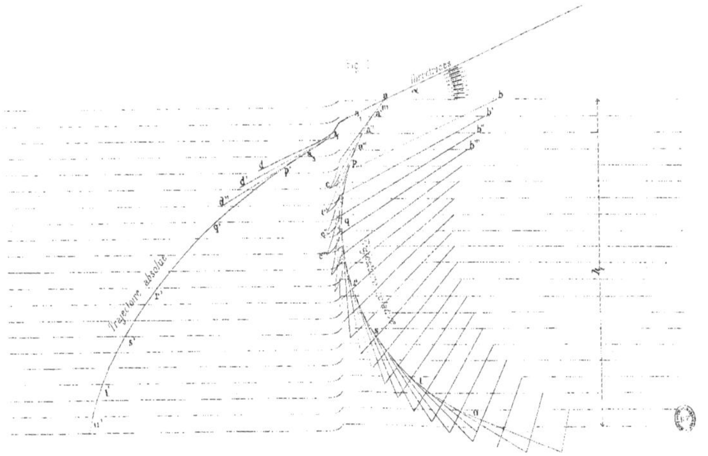

Imp. Lemercier & Cie Paris

DÉTERMINATION DE LA SECTION MÉRIDIENNE DE LA COURONNE ET DE LA FORME DES AUBES DANS LES TURBINES A LIBRE DÉVIATION.

Fig. 1. Grandeur d'exécution Fig. 2.

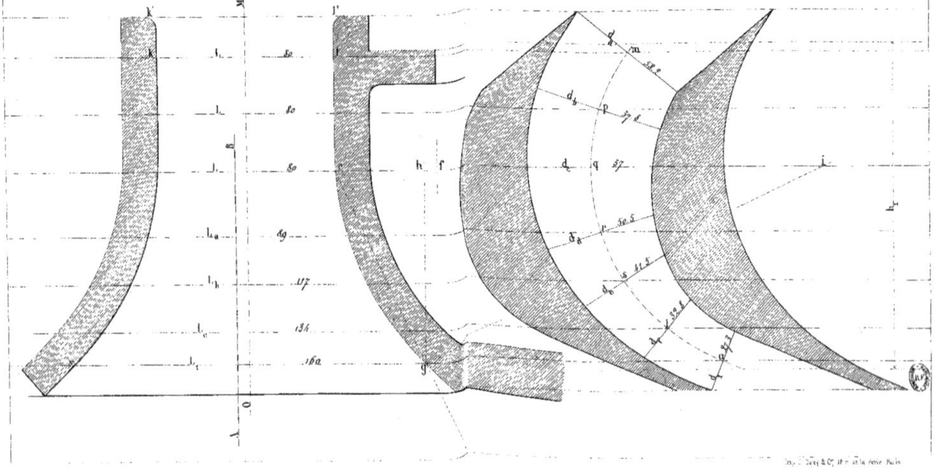

Imp. Lemercier & Cie Paris

DÉTERMINATION DE LA FORME DES AUBES ET DE LA SECTION MÉRIDIENNE
DE LA COURONNE DANS LES TURBINES A LIBRE DÉVIATION.

Grandeur d'Exécution

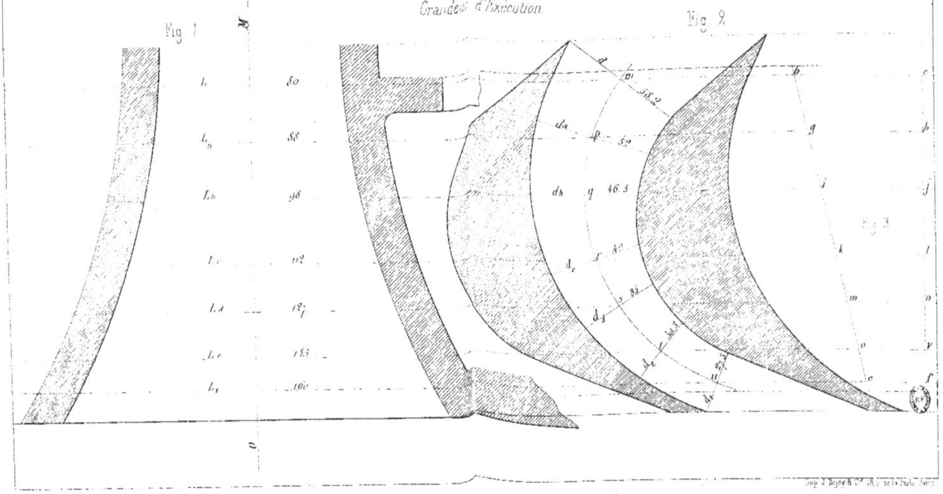

Imp. J. Dejey & Cie

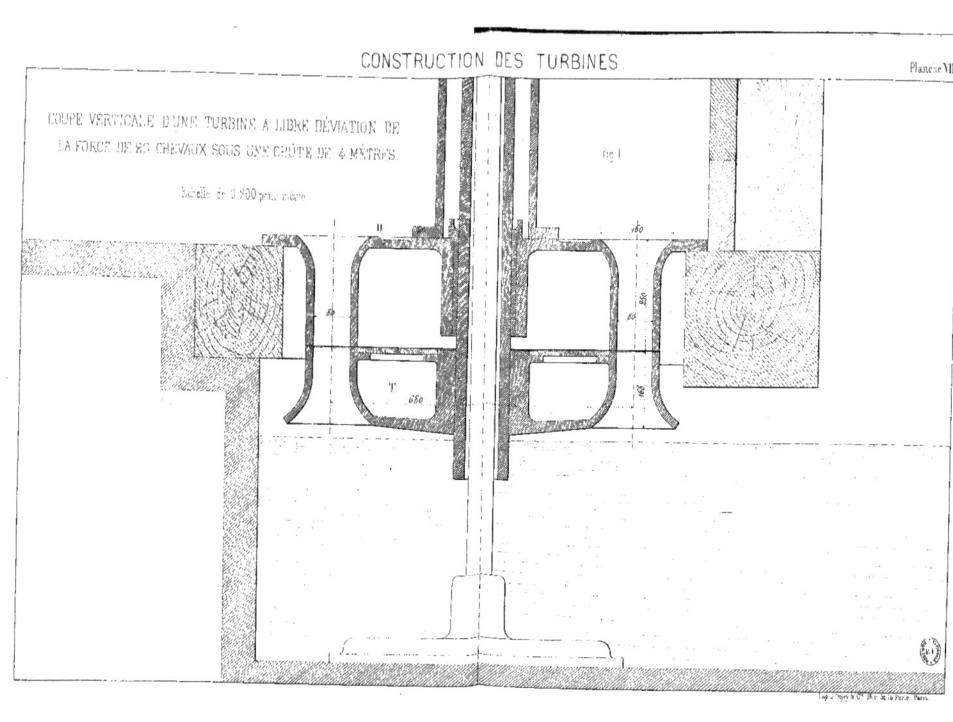
COUPE VERTICALE D'UNE TURBINE A LIBRE DÉVIATION DE
LA FORCE DE 20 CHEVAUX SOUS UNE CHÛTE DE 4 MÈTRES.
Échelle de 0.100 pour mètre
Fig 1.

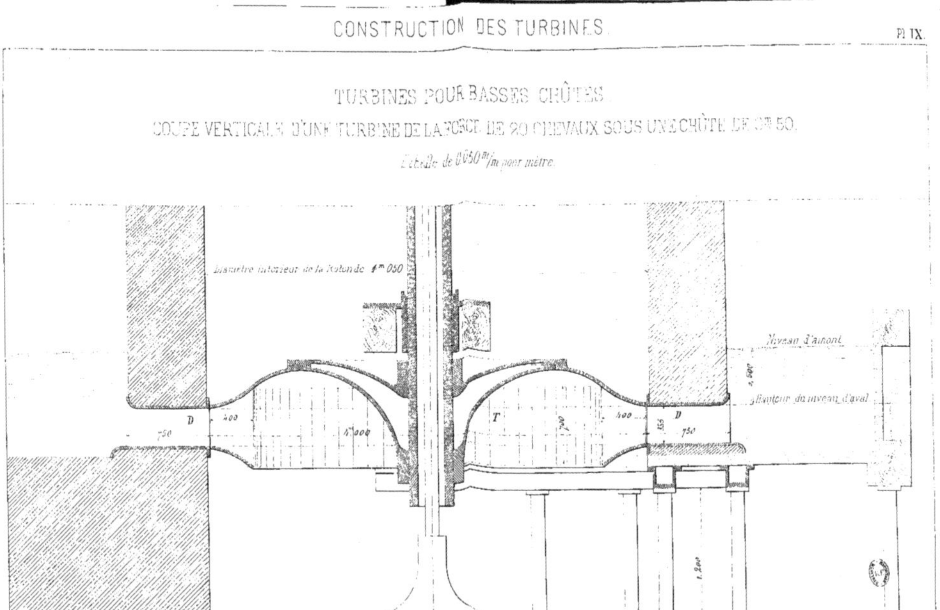
TURBINES POUR BASSES CHÛTES.
COUPE VERTICALE D'UNE TURBINE DE LA FORCE DE 20 CHEVAUX SOUS UNE CHÛTE DE 0m 50.
Échelle de 0.050 m/m pour mètre.
Diamètre intérieur de la Rotonde 1m 050
Niveau d'amont
Hauteur du niveau d'aval
D
T
D
Imp. J. Dejey & Cie, 18, r. de la Perle.

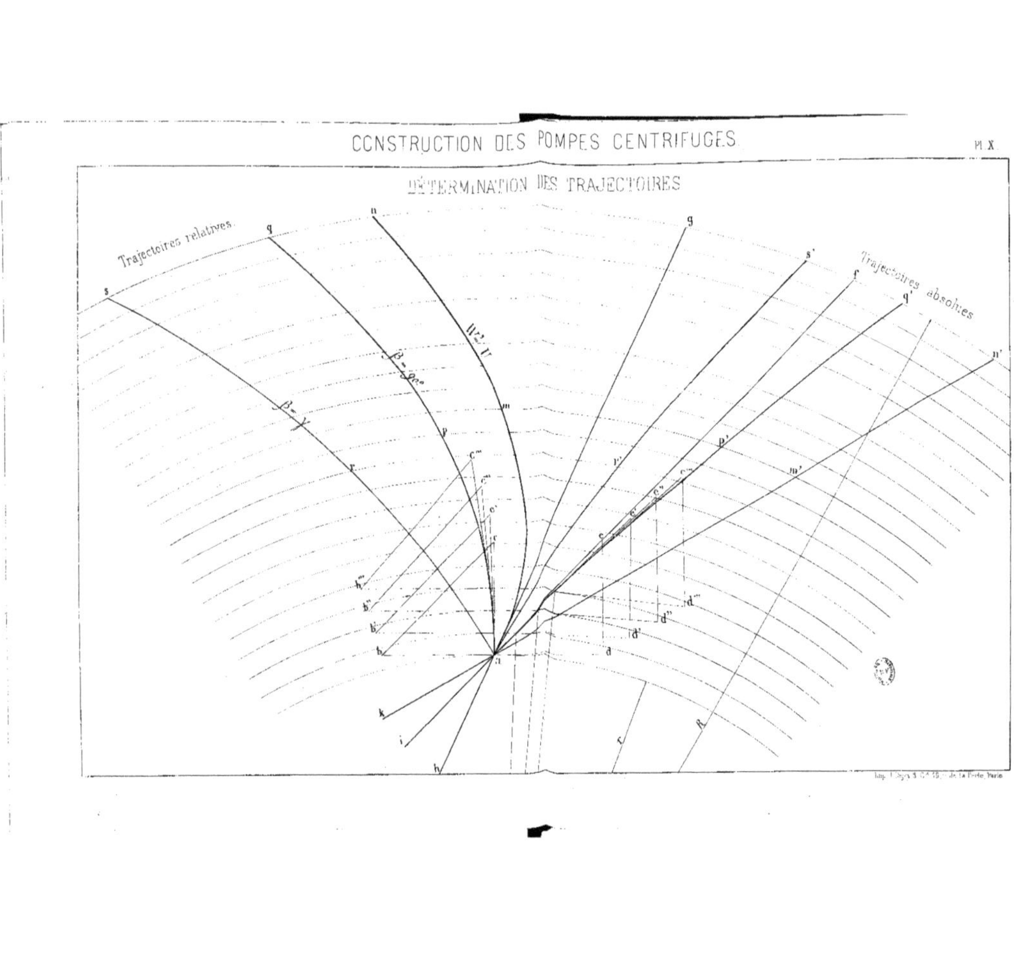
DÉTERMINATION DES TRAJECTOIRES
Trajectoires relatives
Trajectoires absolues

 Pl. XI.

DÉTERMINATION DE LA FORME DES AUBES
ET DE LA SECTION MÉRIDIENNE DE LA COURONNE
1er Cas : W'=V'
Fig. 1
Fig. 2

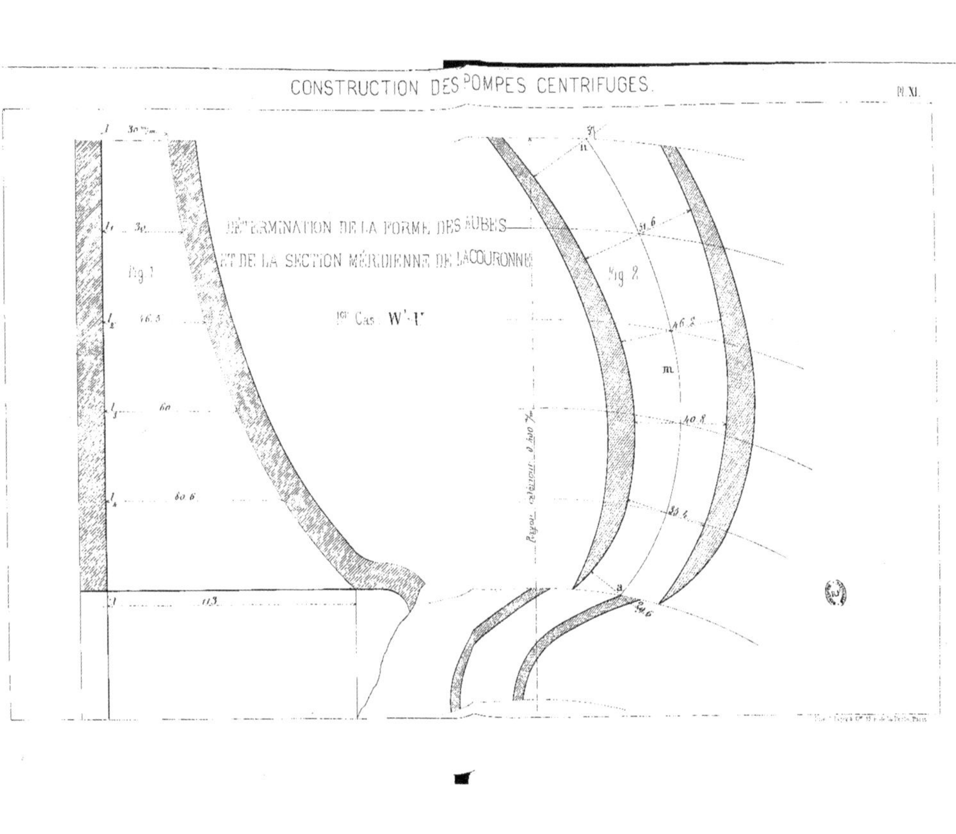

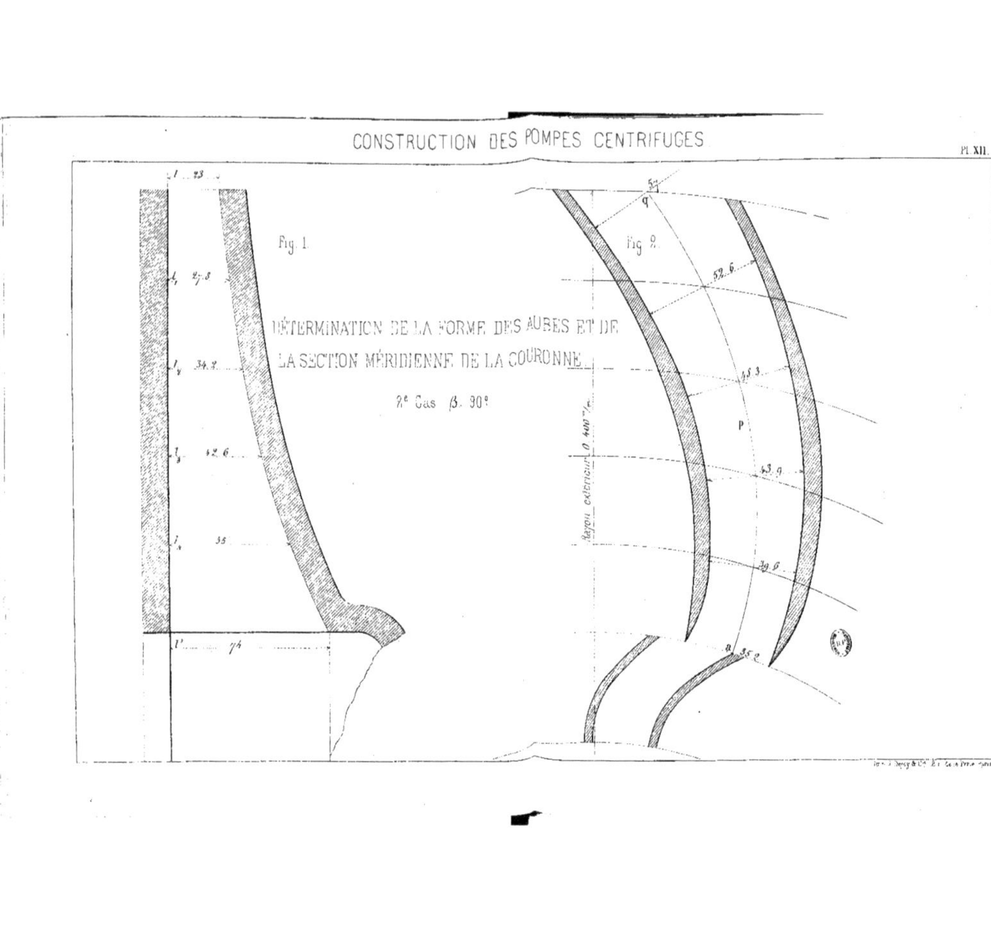
Fig. 1.
Fig. 2.
DÉTERMINATION DE LA FORME DES AUBES ET DE
LA SECTION MÉRIDIENNE DE LA COURONNE
2e Cas β. 90°
Rayon extérieur 0.400 m/m

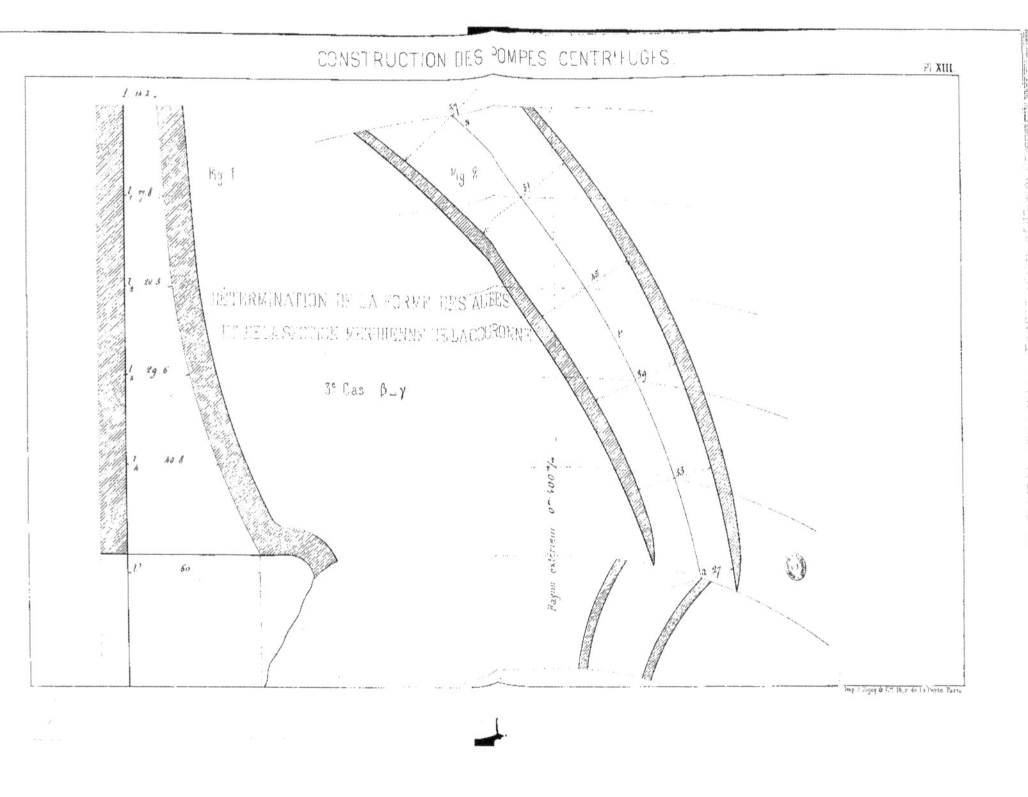
Fig 1
Fig 2
DÉTERMINATION DE LA FORME DES AUBES
ET DE LA SECTION MÉRIDIENNE DE LA COURONNE
3e Cas β _ γ
Rayon extérieur 0m 400

Pl. XIV.

COUPE VERTICALE D'UNE POMPE CENTRIFUGE.
Débit par seconde: 375 litres.
Hauteur d'élévation 4 mètres.
Nombre de tours par minute 245.
Aspiration
Refoulement
Echelle 0.200 m/m pour mètre.

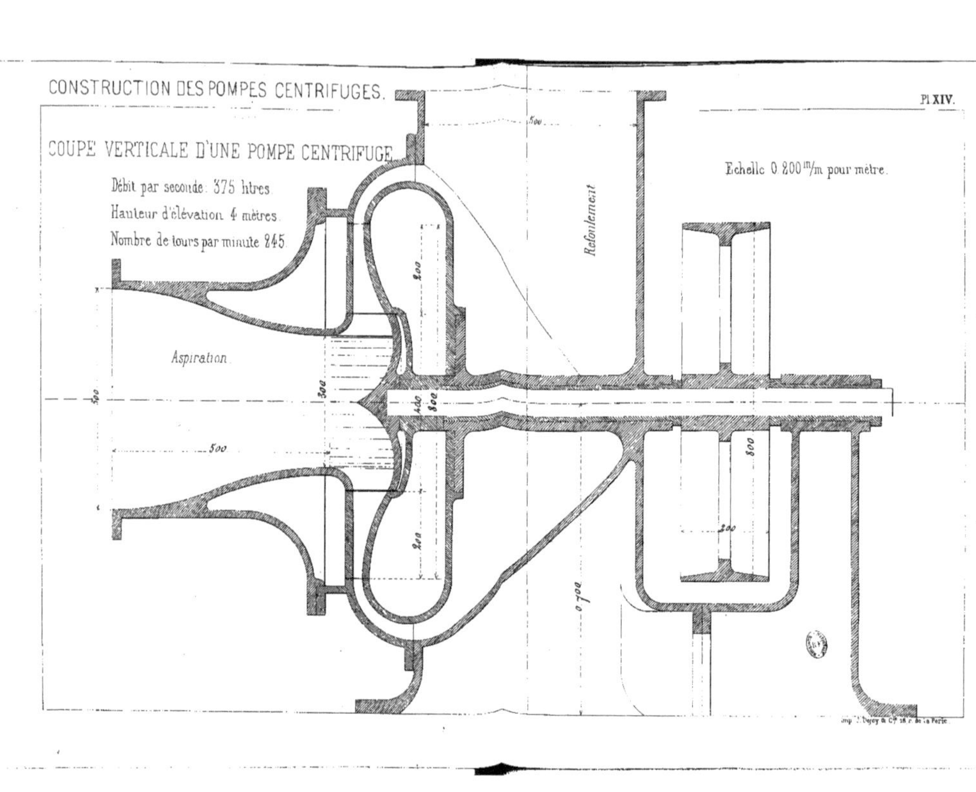

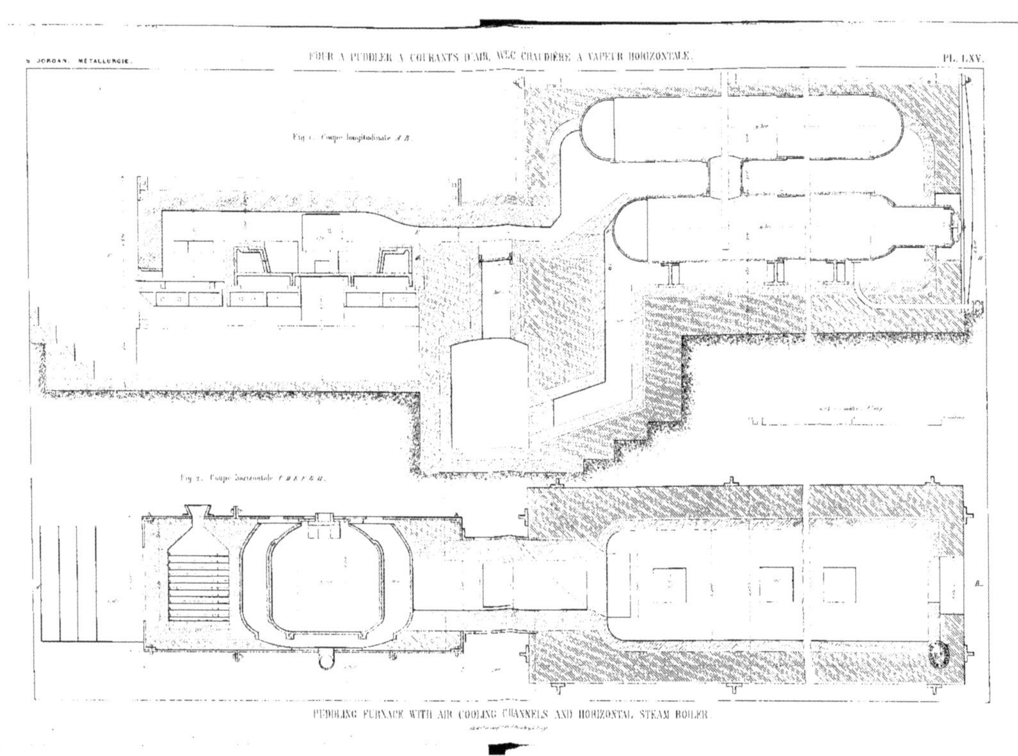

PUDDLING FURNACE WITH AIR COOLING CHANNELS AND HORIZONTAL STEAM BOILER.

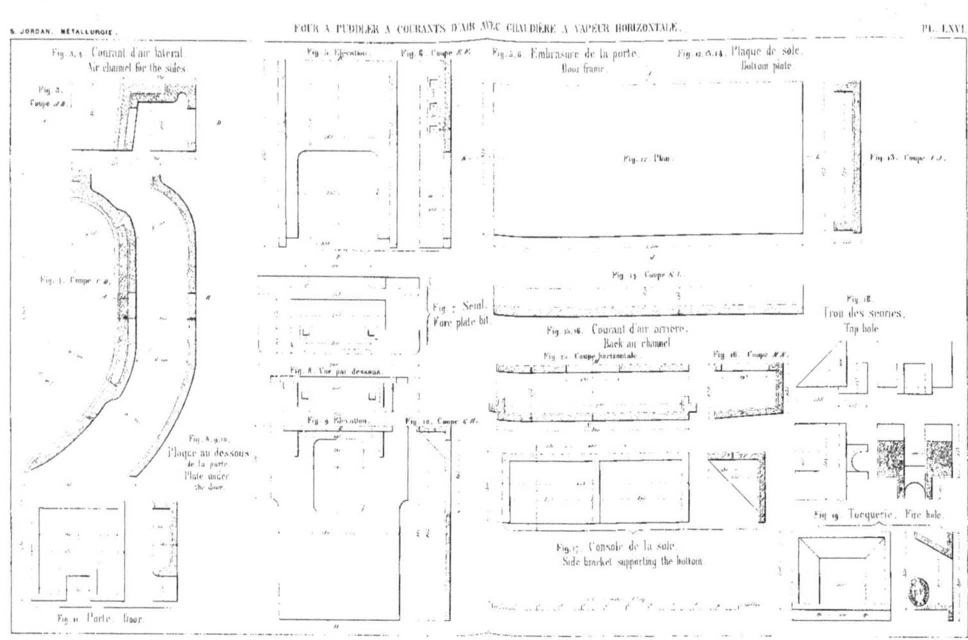

PUDDLING FURNACE WITH AIR COOLING CHANNELS AND HORIZONTAL STEAM BOILER.

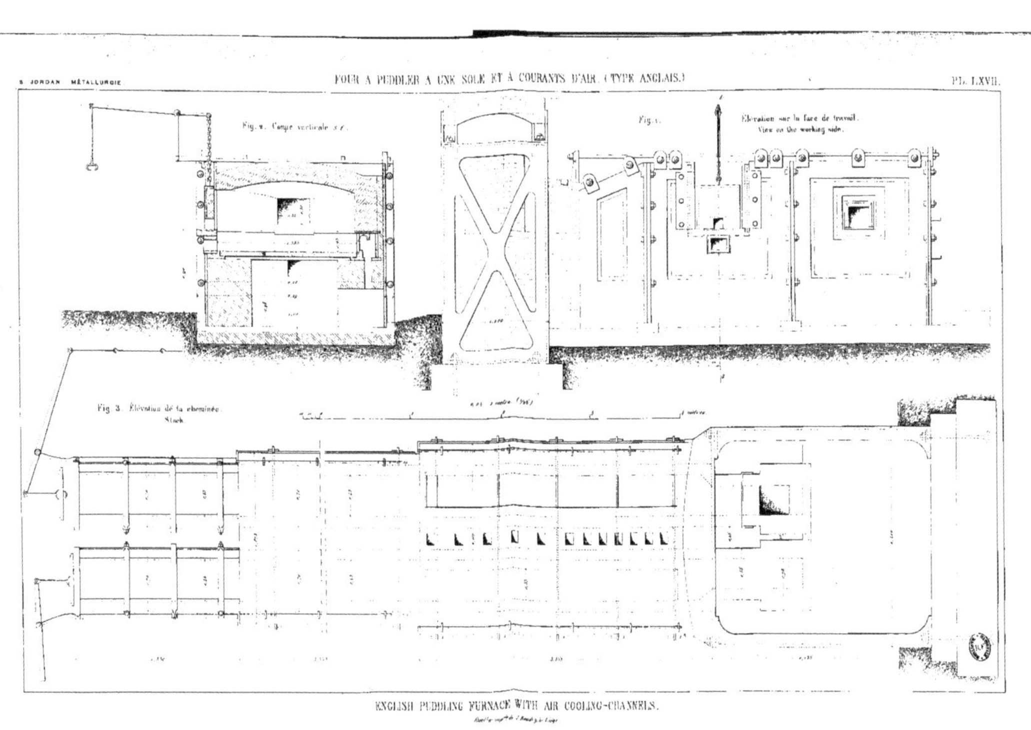

ENGLISH PUDDLING FURNACE WITH AIR COOLING-CHANNELS.

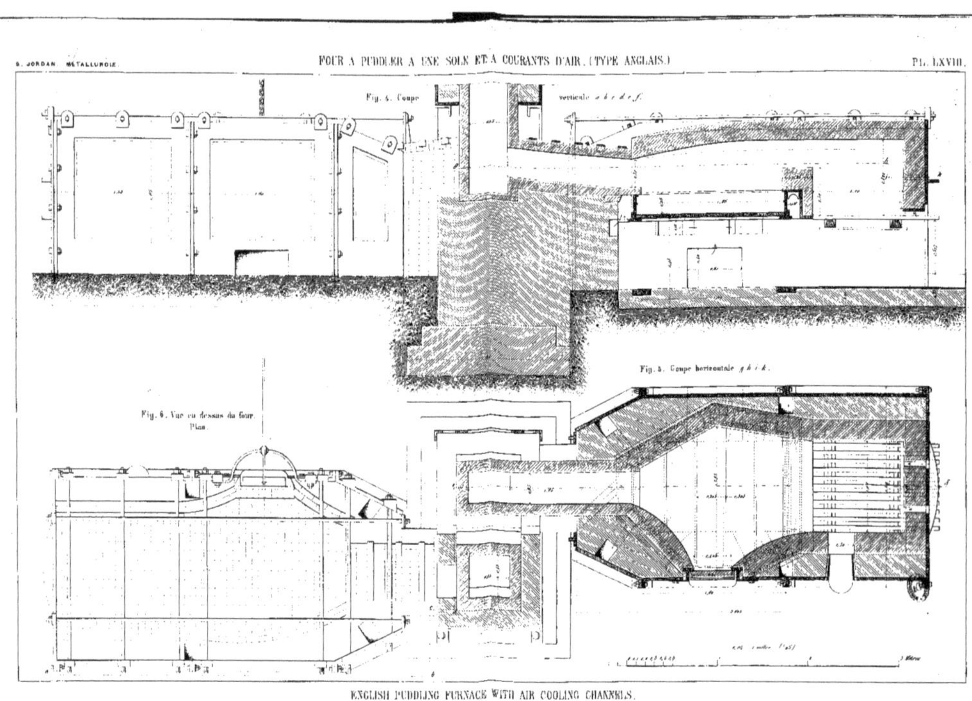

ENGLISH PUDDLING FURNACE WITH AIR COOLING CHANNELS.

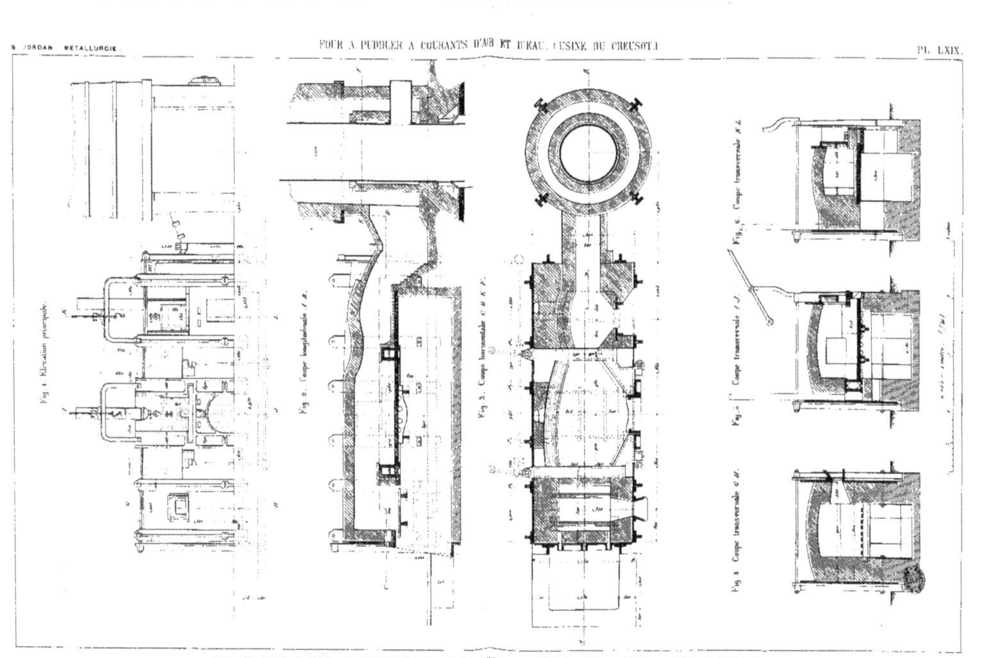

PUDDLING FURNACE WITH AIR AND WATER COOLING CHANNELS AND VERTICAL STEAM BOILER. (CREUSOT IRON WORKS.)

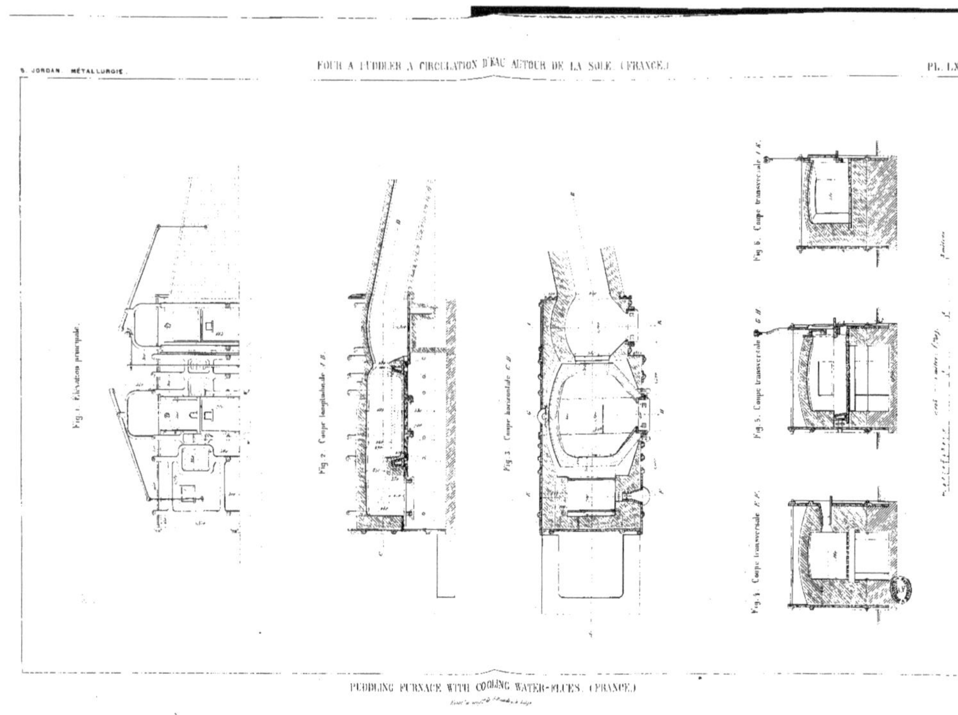

PUDDLING FURNACE WITH COOLING WATER-FLUES. (FRANCE.)

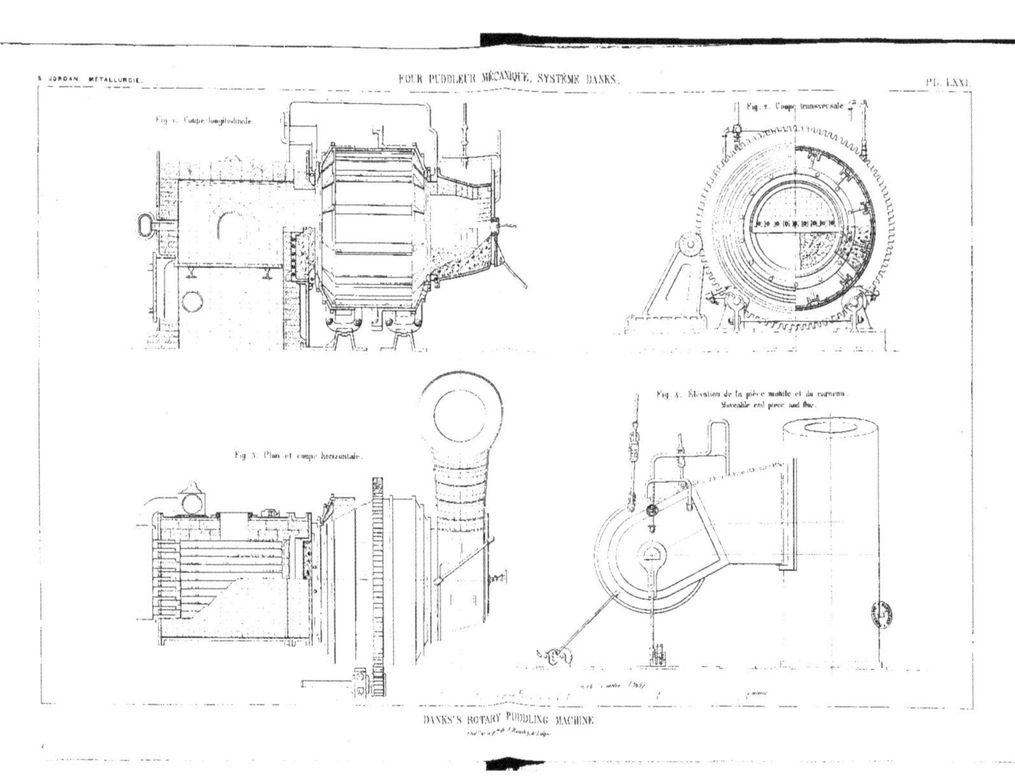

Fig. 1. Coupe longitudinale.
Fig. 2. Coupe transversale.
Fig. 3. Plan et coupe horizontale.
Fig. 4. Élévation de la pièce mobile et du carneau.
Moveable end piece and flue.
DANKS'S ROTARY PUDDLING MACHINE.

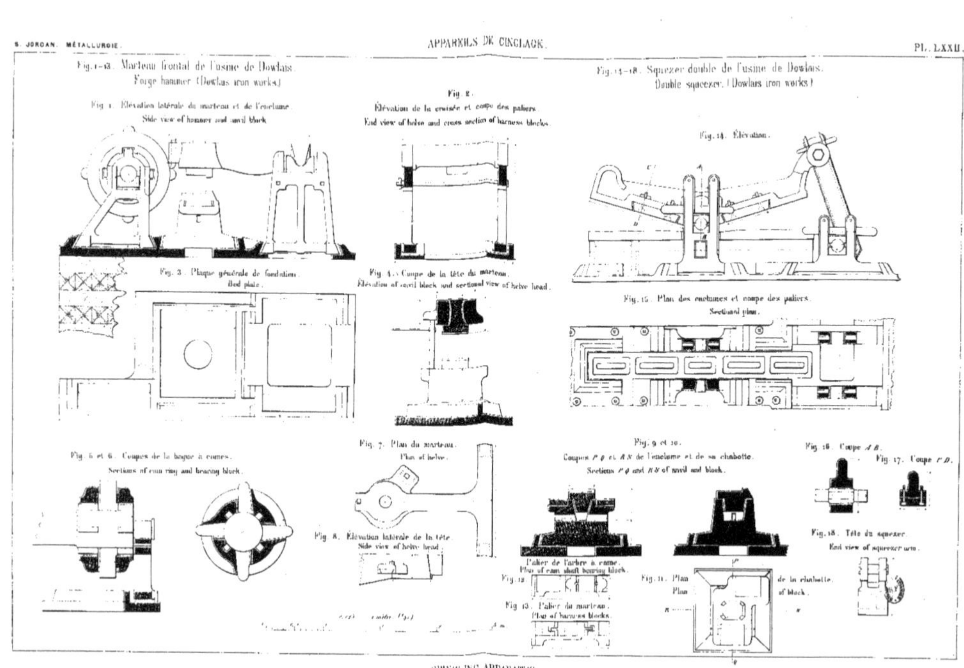

SHINGLING APPARATUS.

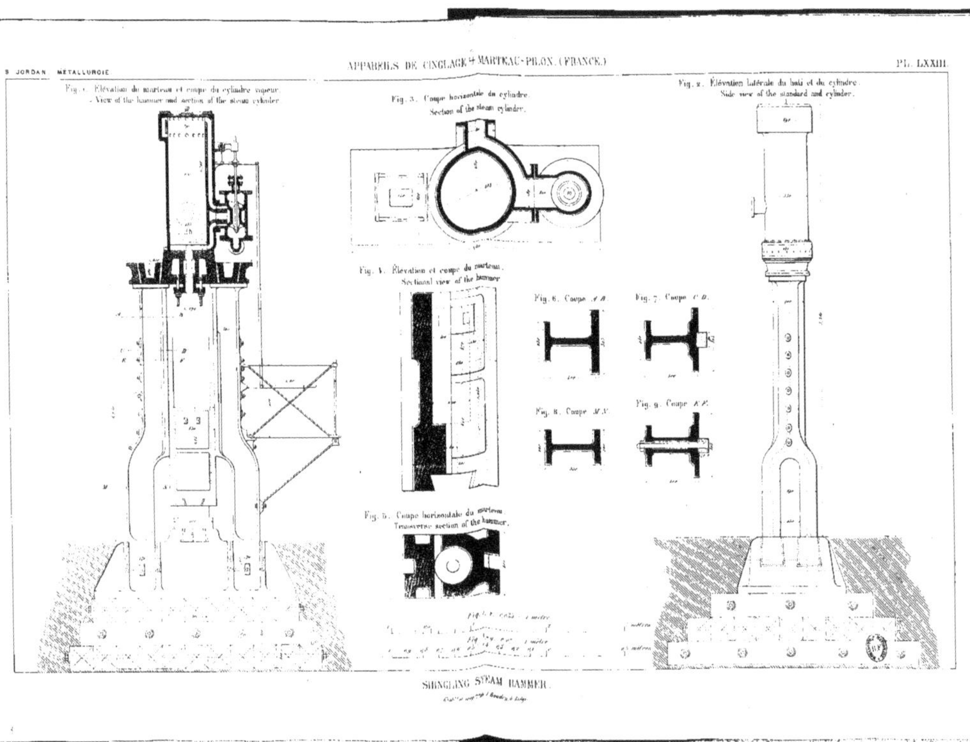

SHINGLING STEAM HAMMER.

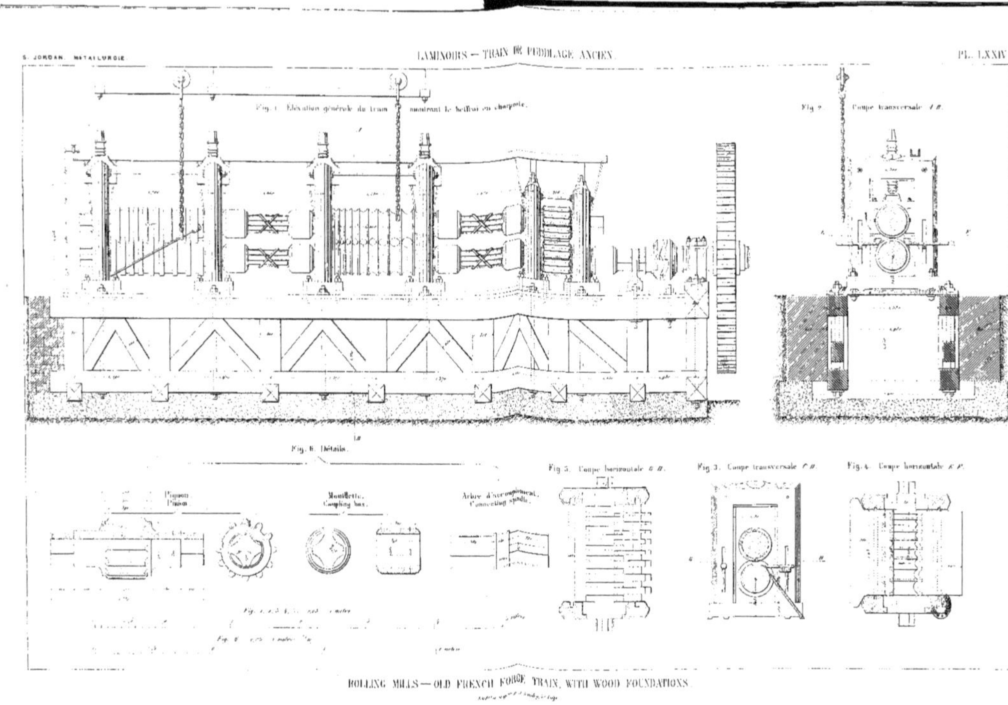

ROLLING MILLS — OLD FRENCH FORGE TRAIN, WITH WOOD FOUNDATIONS

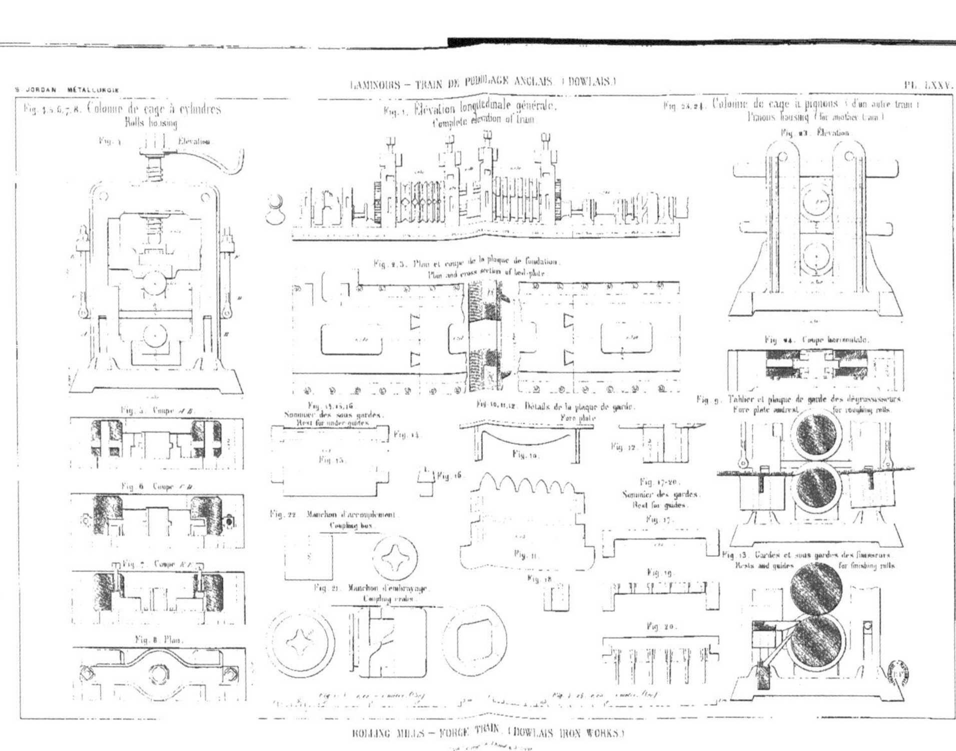

ROLLING MILLS — FORGE TRAIN. (DOWLAIS IRON WORKS.)

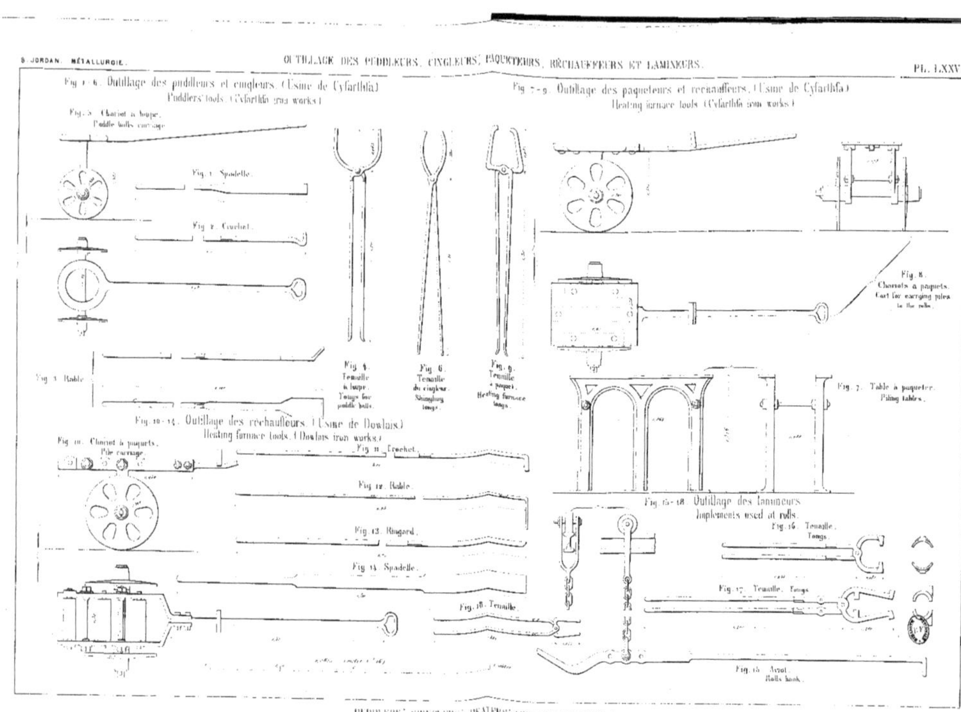

PUDDLERS', SHINGLERS', HEATERS' AND ROLLERS' TOOLS.

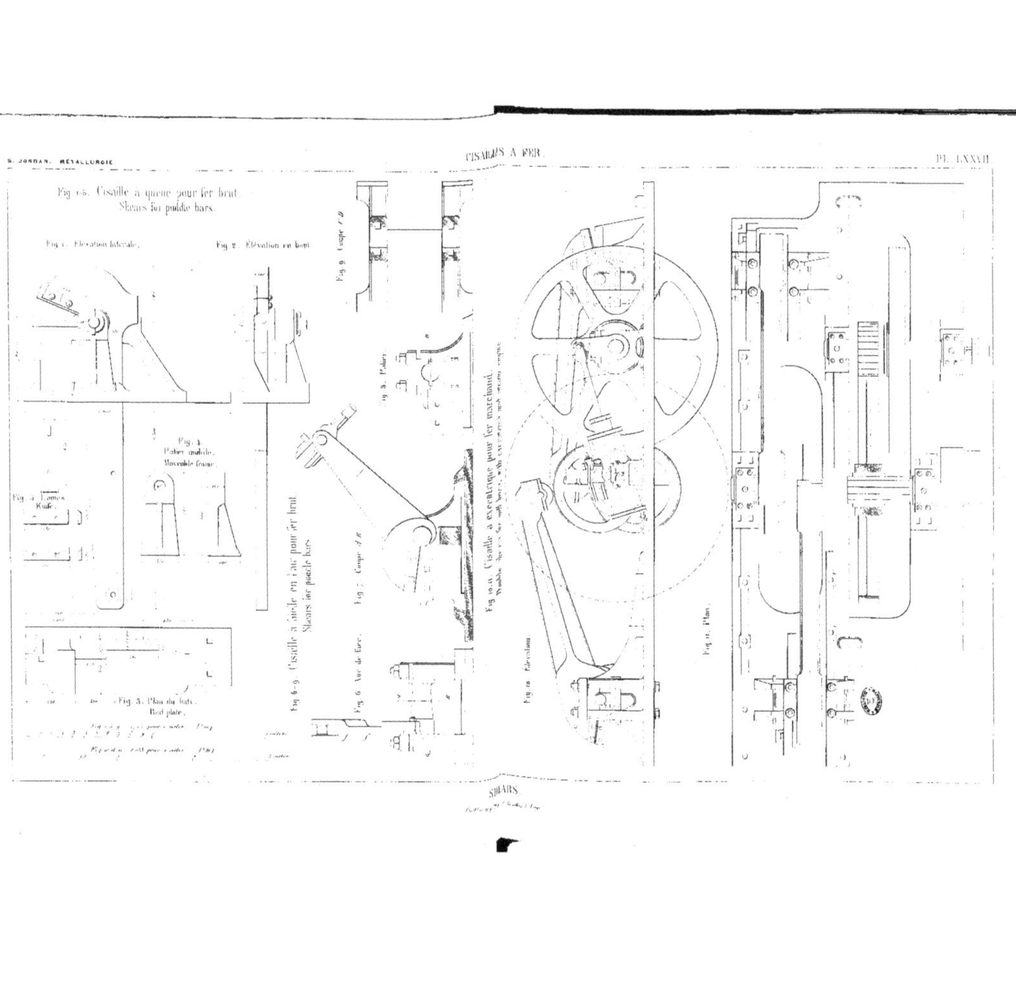
Fig. 1-5. Cisaille à queue pour fer brut.
Shears for puddle bars.
Fig. 1. Élévation latérale.
Fig. 2. Élévation en bout.
Fig. 3. Lames.
Knife.
Fig. 4. Patin mobile.
Moveable frame.
Fig. 5. Plan du bâti.
Bed plate.
Fig. 6-9. Cisaille à pédale en l'air pour fer brut.
Shears for puddle bars.
Fig. 6. Vue de face.
Fig. 7. Coupe A B.
Fig. 8. Patin.
Fig. 9. Coupe C D.
Fig. 10-11. Cisaille à excentrique pour fer marchand.
Fig. 10. Élévation.
Fig. 11. Plan.

FOUR À RÉCHAUFFER POUR TRAIN MARCHAND. (USINE DE RUHRORT, WESTPHALIE.)

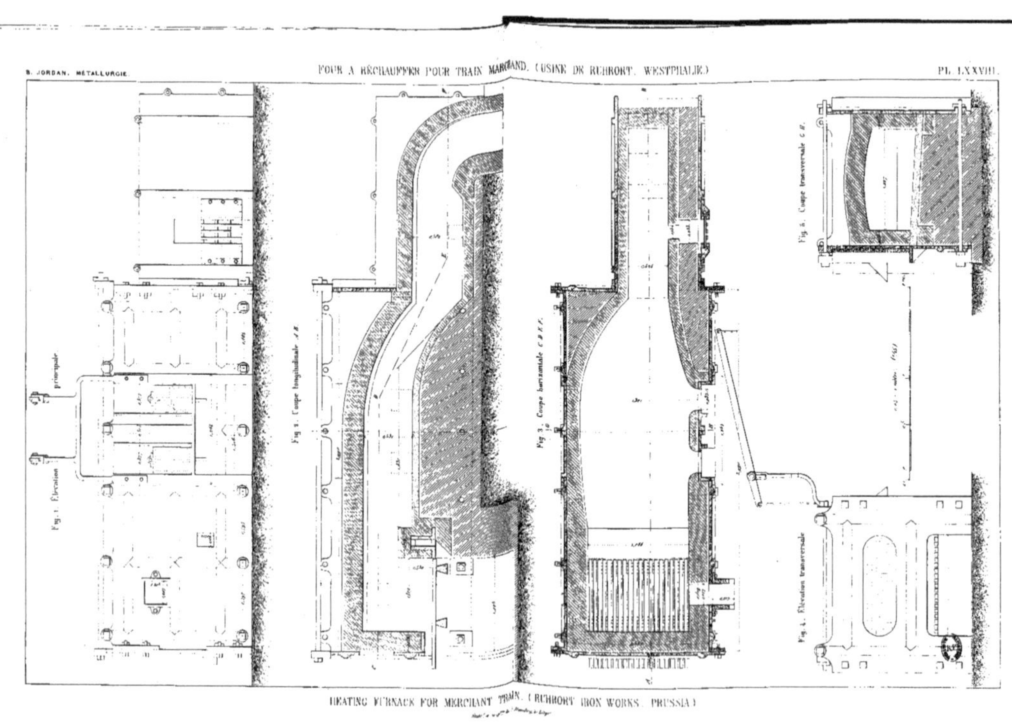

HEATING FURNACE FOR MERCHANT TRAIN. (RUHRORT IRON WORKS, PRUSSIA.)

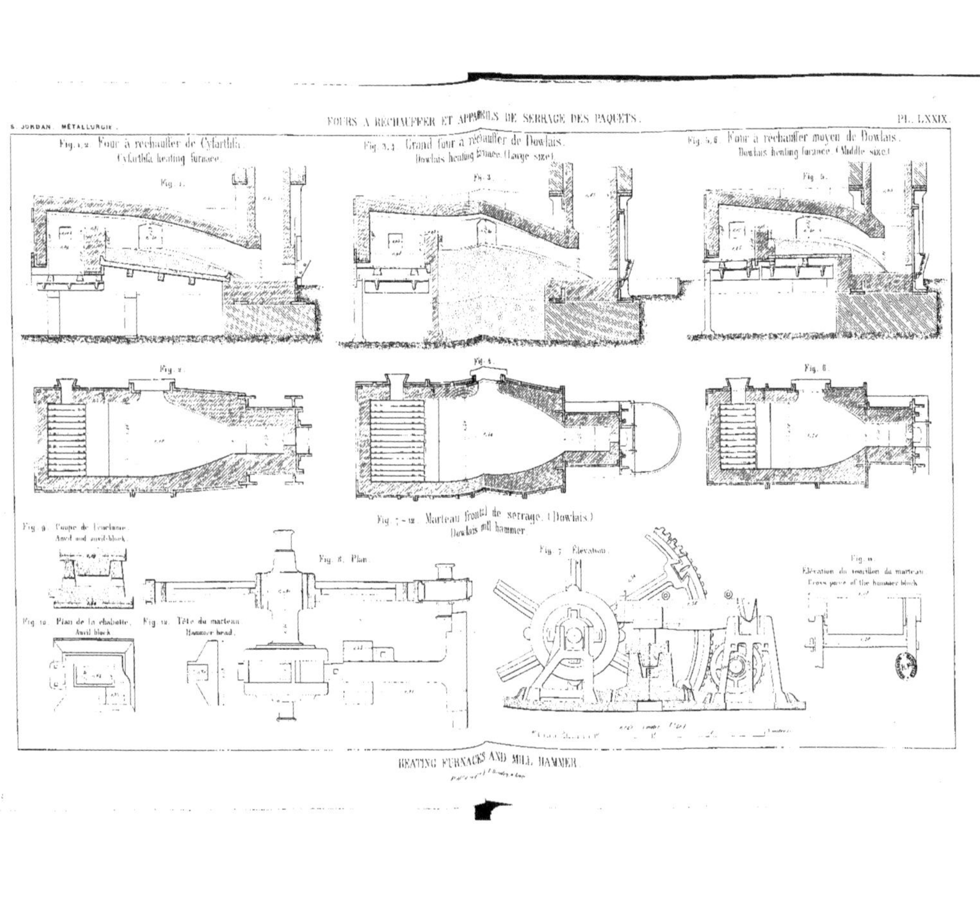

HEATING FURNACES AND MILL HAMMER.

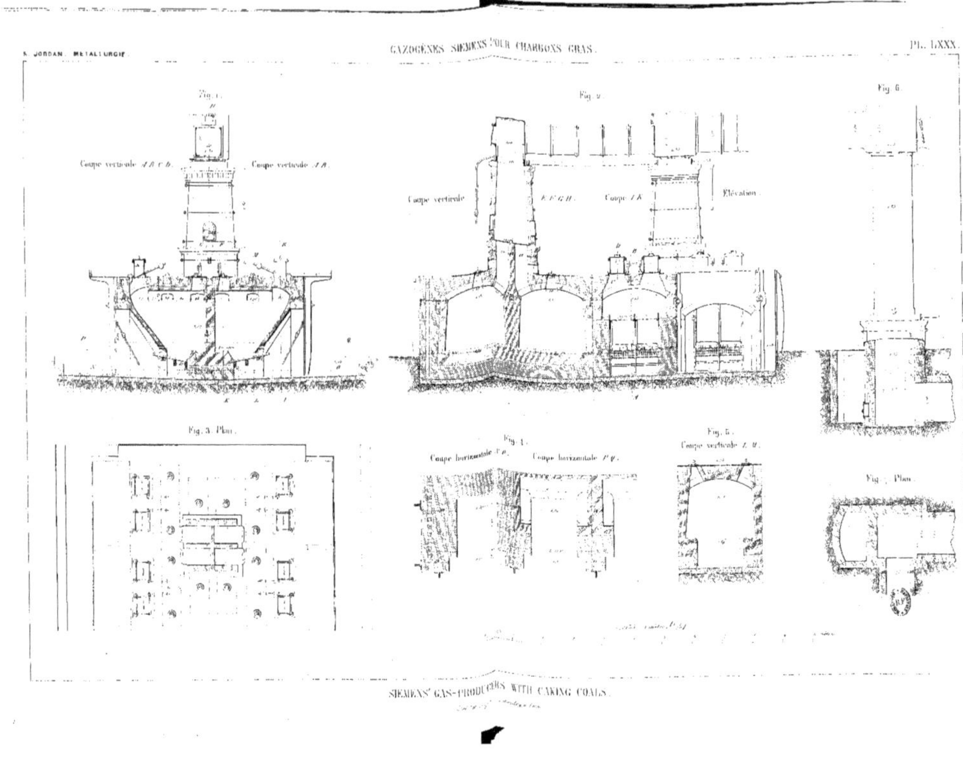

SIEMENS' GAS-PRODUCERS WITH CAKING COALS.

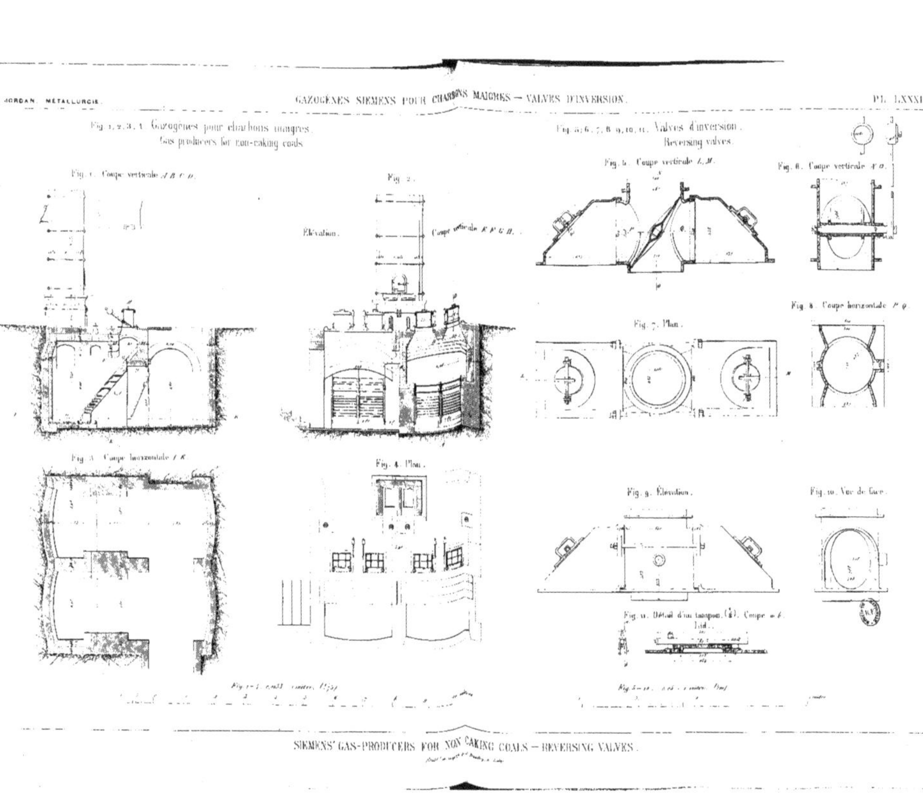

SIEMENS' GAS-PRODUCERS FOR NON-CAKING COALS — REVERSING VALVES.

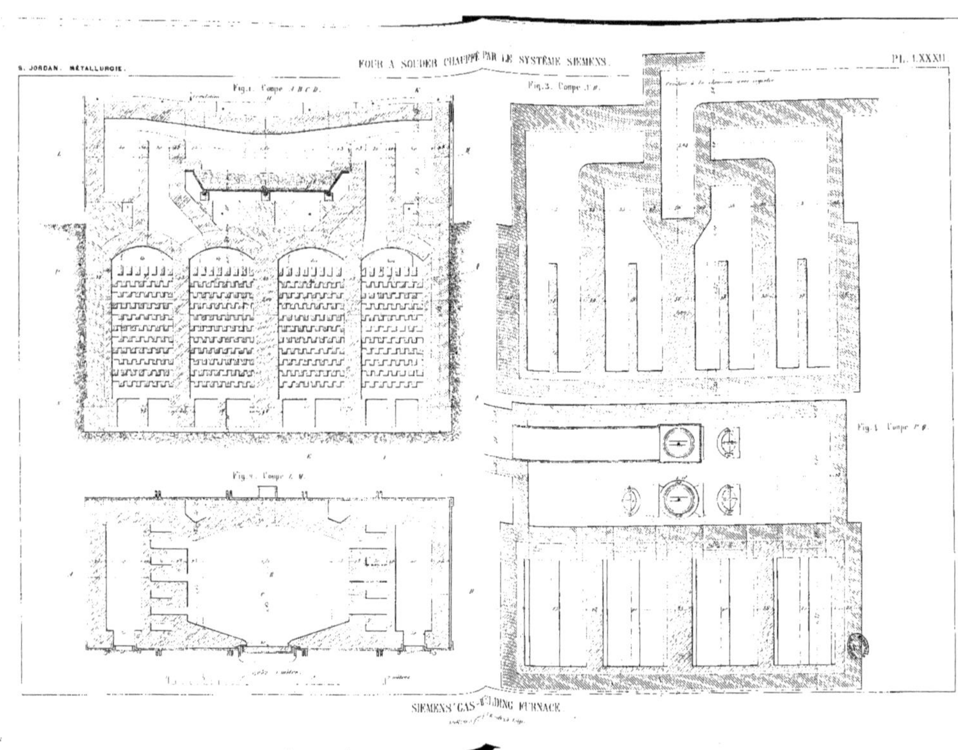

SIEMENS' GAS-WELDING FURNACE.

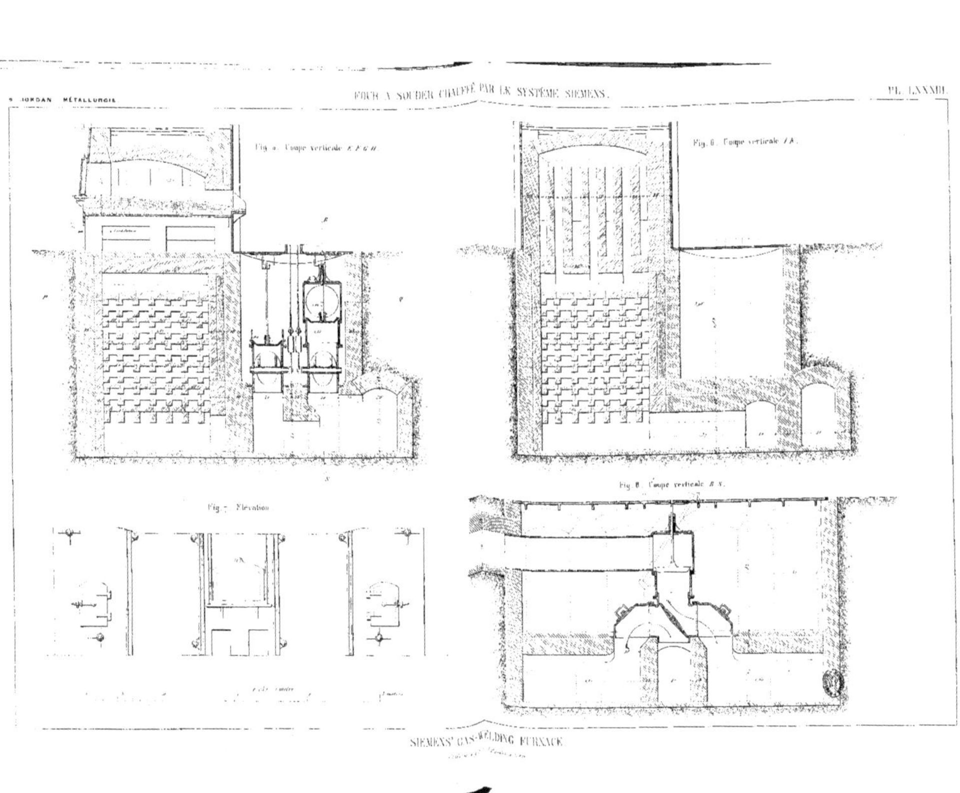

SIEMENS' GAS-WELDING FURNACE

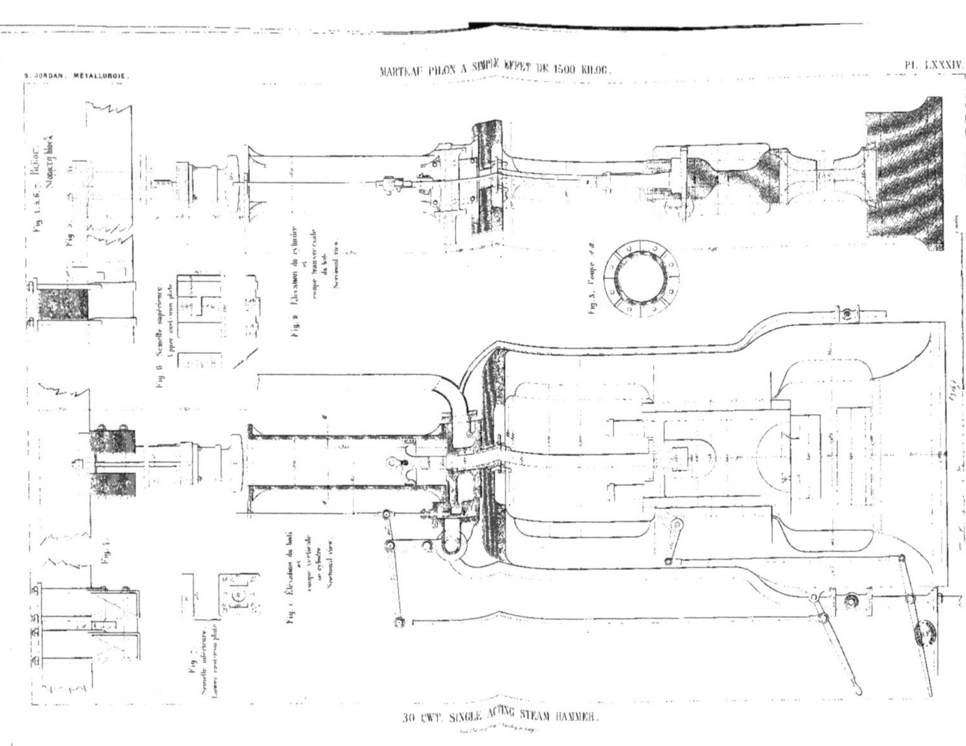

S. JORDAN. MÉTALLURGIE.
MARTEAU PILON A SIMPLE EFFET DE 1500 KILOG.
PL. LXXXIV.
30 CWT. SINGLE ACTING STEAM HAMMER.

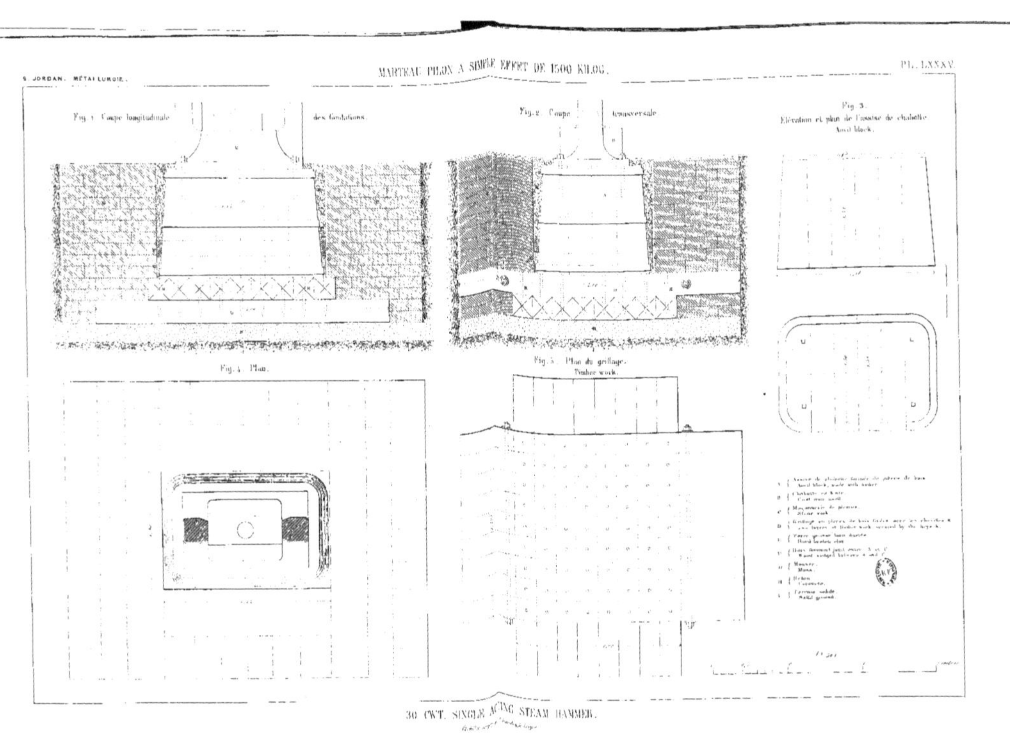

S. JORDAN. MÉTALLURGIE.
MARTEAU PILON A SIMPLE EFFET DE 1500 KILOG.
PL. LXXXV
Fig. 1. Coupe longitudinale des fondations.
Fig. 2. Coupe transversale.
Fig. 3. Élévation et plan de l'assise de chabotte. Anvil block.
Fig. 4. Plan.
Fig. 5. Plan du grillage. Timber work.
30 CWT. SINGLE ACTING STEAM HAMMER.

APPAREILS DE SERRAGE DES PAQUETS.

Marteau pilon, système Dethombay.
Dethombay's steam hammer.

Fig. 1 - 7. Distribution de vapeur équilibrée.
Steam valve.

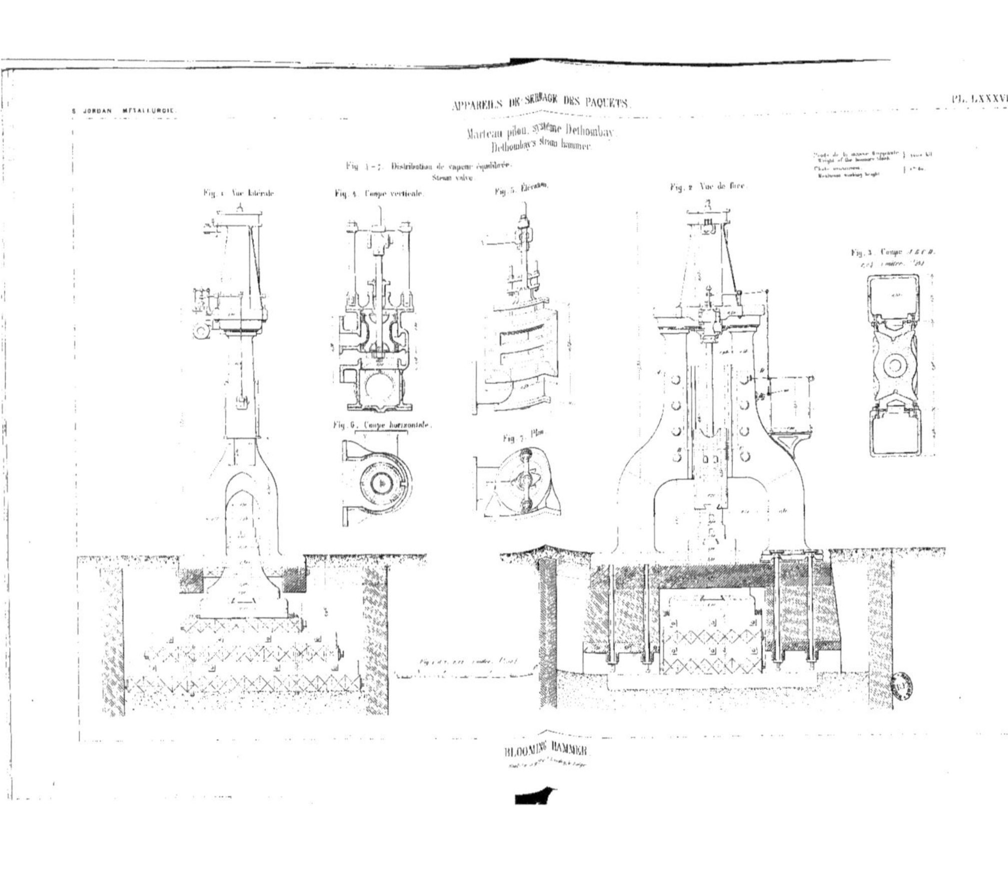

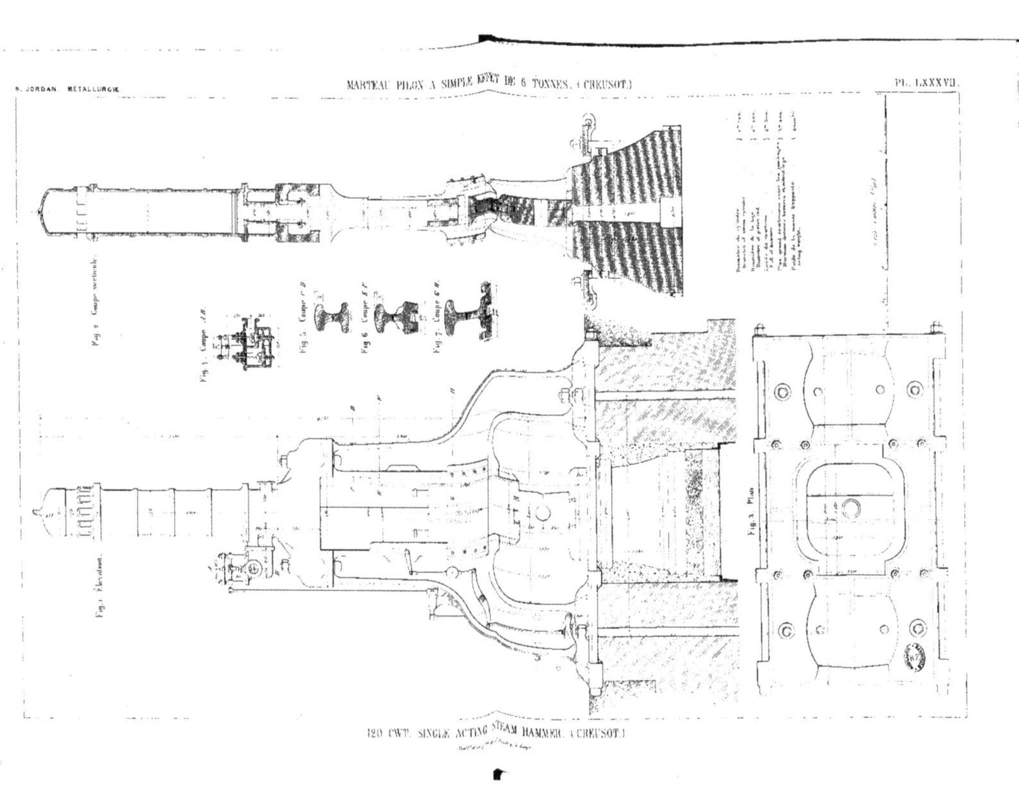

120 CWT. SINGLE ACTING STEAM HAMMER. (CREUSOT.)

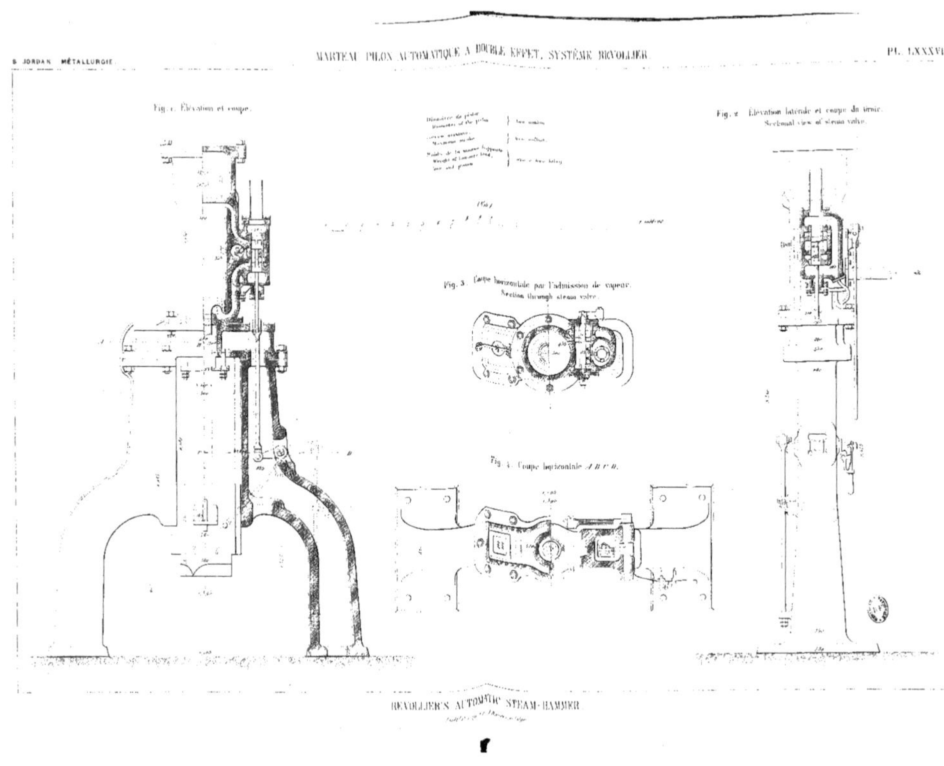

REVOLLIER'S AUTOMATIC STEAM-HAMMER

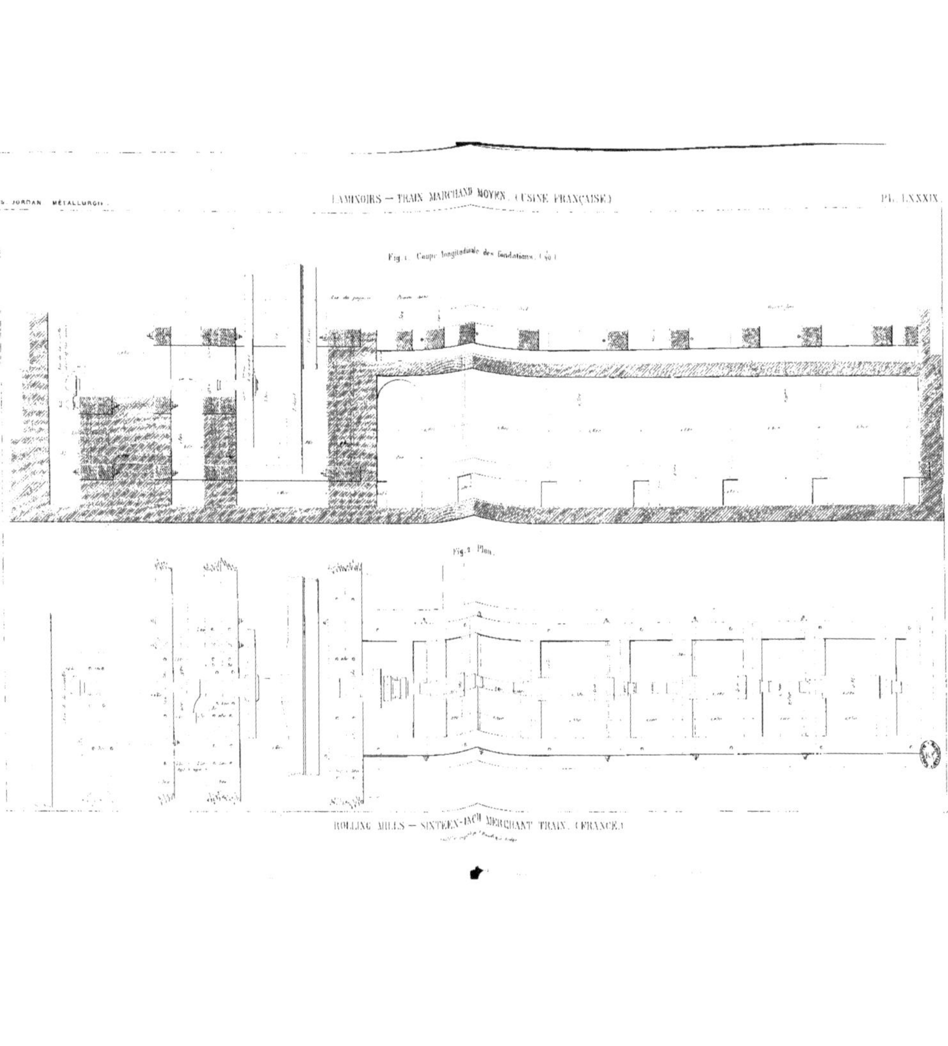

ROLLING MILLS — SIXTEEN-INCH MERCHANT TRAIN. (FRANCE.)

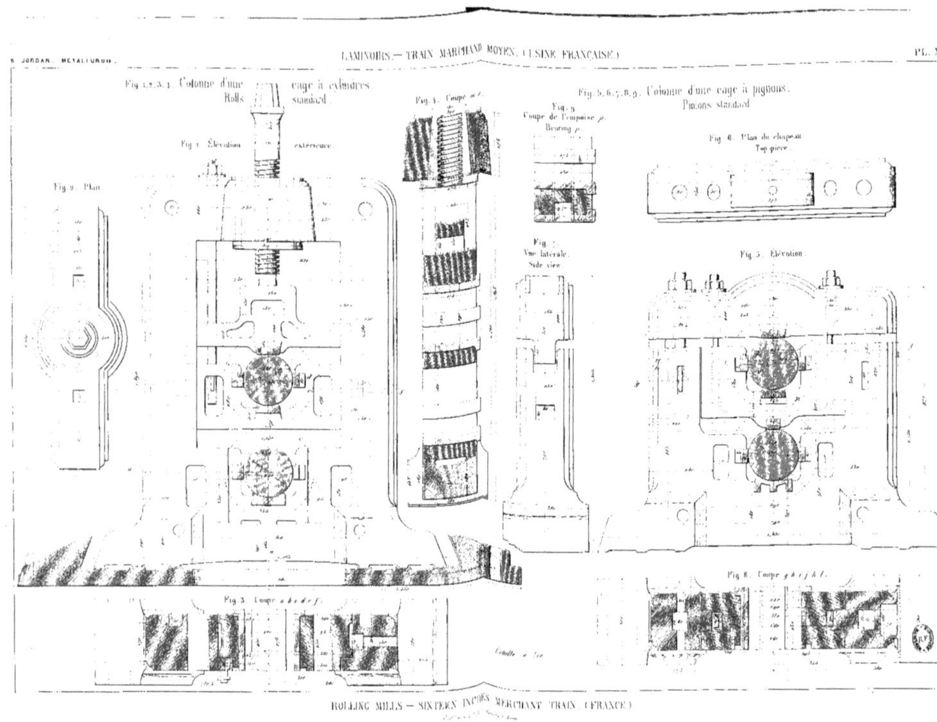
Fig. 1, 2, 3. Colonne d'une cage à cylindres.
Rolls standard.
Fig. 1. Élévation extérieure.
Fig. 2. Plan.
Fig. 3. Coupe a b c d e f.
Fig. 4. Coupe m n.
Fig. 5, 6, 7, 8, 9. Colonne d'une cage à pignons.
Pignons standard.
Fig. 9. Coupe de l'empoise p.
Bearing p.
Fig. 6. Plan du chapeau.
Top piece.
Fig. 7. Vue latérale.
Side view.
Fig. 5. Élévation.
Fig. 8. Coupe g h i j k l.
Échelle

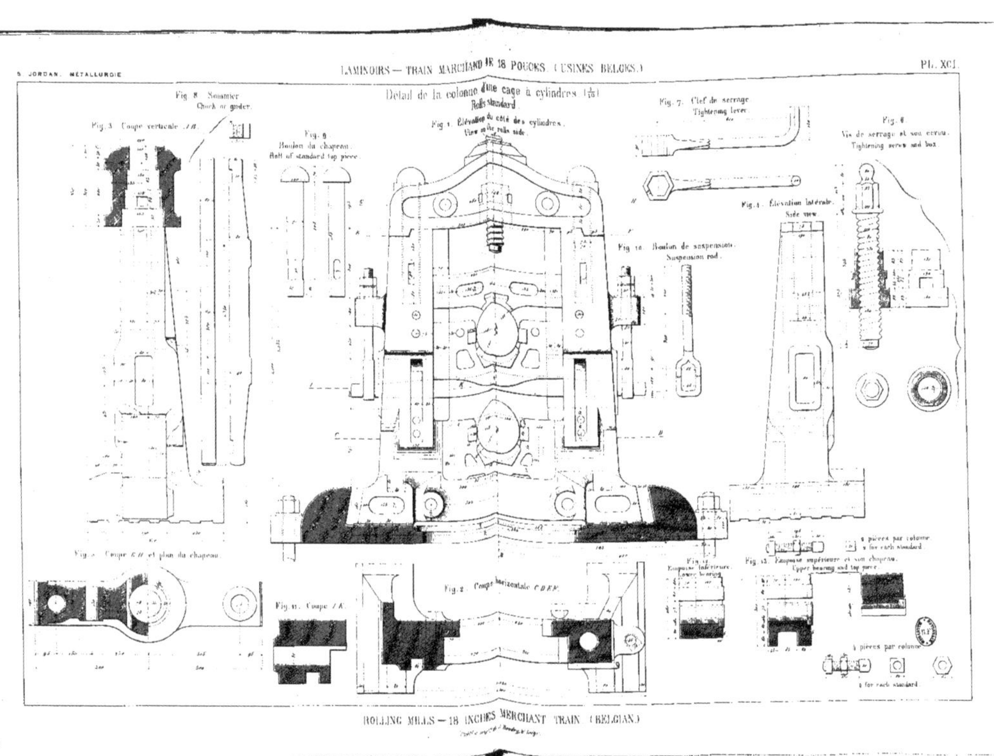

ROLLING MILLS — 18 INCHES MERCHANT TRAIN (BELGIAN)

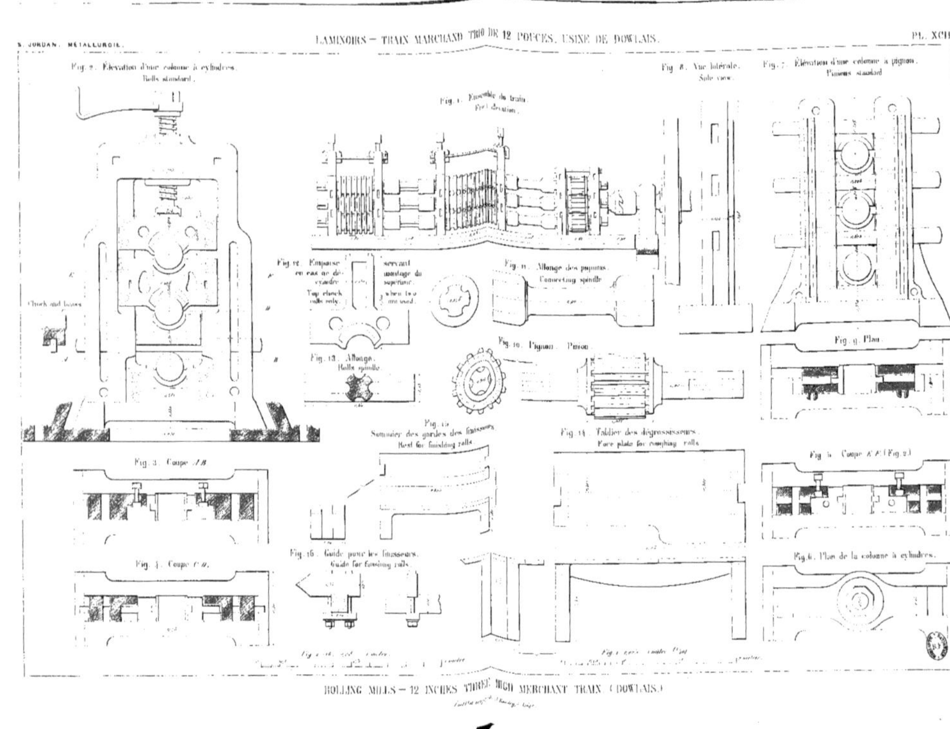
Fig. 2. Élévation d'une colonne à cylindres.
Rolls standard.
Fig. 1. Ensemble du train.
Front elevation.
Fig. 8. Vue latérale.
Side view.
Fig. 7. Élévation d'une colonne à pignons.
Pinions standard.
Chock and boxes
Fig. 12. Empoise en cas de dé- cylindre servant montage du supérieure.
Top chock rolls only. when two are used.
Fig. 11. Allonge des pignons.
Connecting spindle.
Fig. 13. Allonge. Rolls spindle.
Fig. 10. Pignon. Pinion.
Fig. 9. Plan.
Fig. 15. Sommier des gardes des finisseurs.
Rest for finishing rolls.
Fig. 14. Tablier des dégrossisseurs.
Face plate for roughing rolls.
Fig. 5. Coupe A B (Fig. 2).
Fig. 3. Coupe A B.
Fig. 4. Coupe C D.
Fig. 16. Guide pour les finisseurs.
Guide for finishing rolls.
Fig. 6. Plan de la colonne à cylindres.

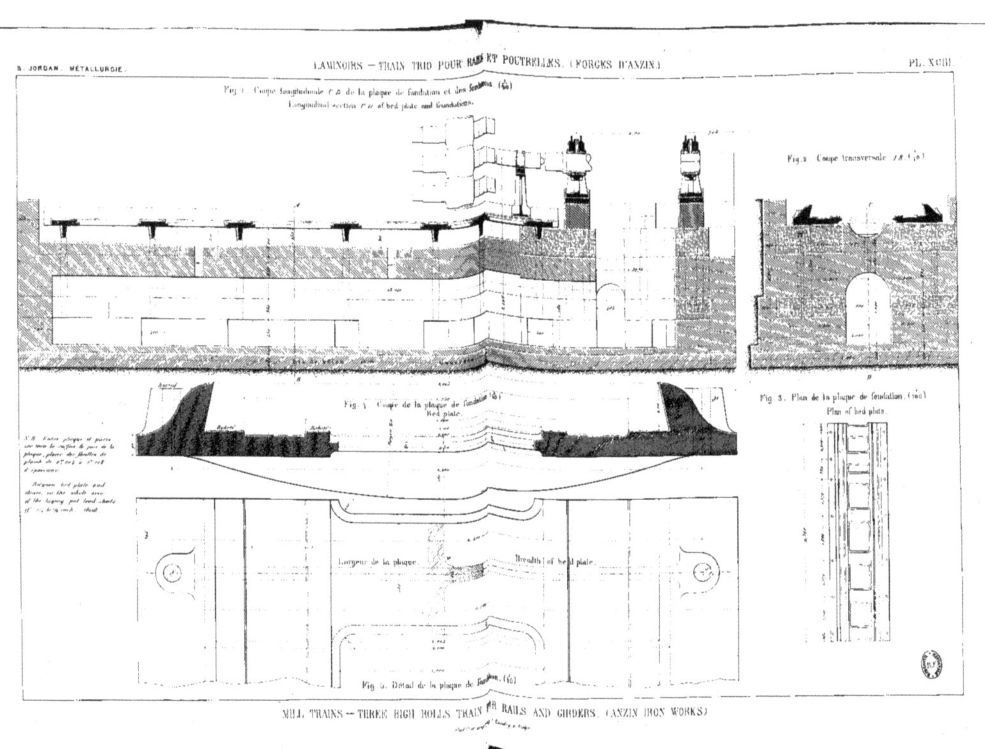

MILL TRAINS — THREE HIGH ROLLS TRAIN FOR RAILS AND GIRDERS. (ANZIN IRON WORKS)

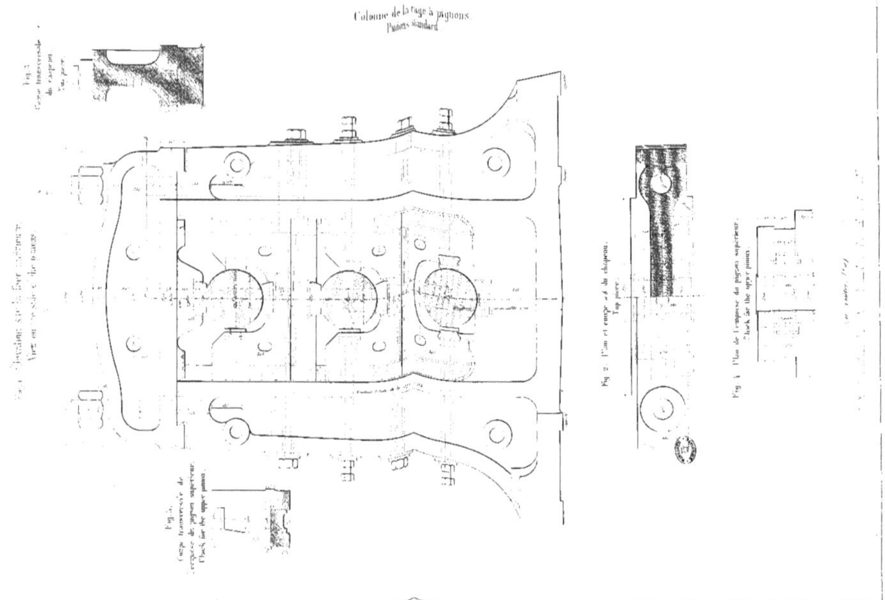

Colonne de la cage à pignons.
Pinions standard.
Fig. 2. Coupe transversale de l'appui en porte.
Coupe longitudinale de la cage à pignons. Vue en coupe suivant l'axe des pignons.
Fig. 2. Plan et coupe A-B du chapeau. Top piece.
Fig. 4. Plan de l'empoise des pignons supérieurs. Chock for the upper pinions.
Fig. 5. Coupe transversale de l'empoise des pignons supérieurs. Chock for the upper pinions.

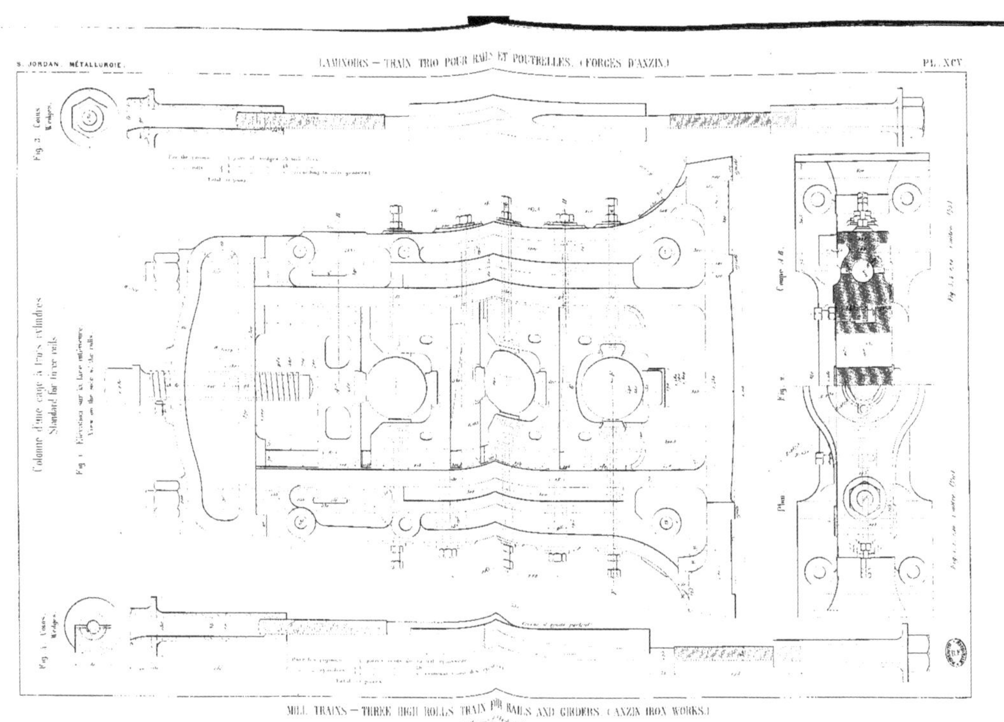

MILL TRAINS — THREE HIGH ROLLS TRAIN FOR RAILS AND GIRDERS (ANZIN IRON WORKS.)

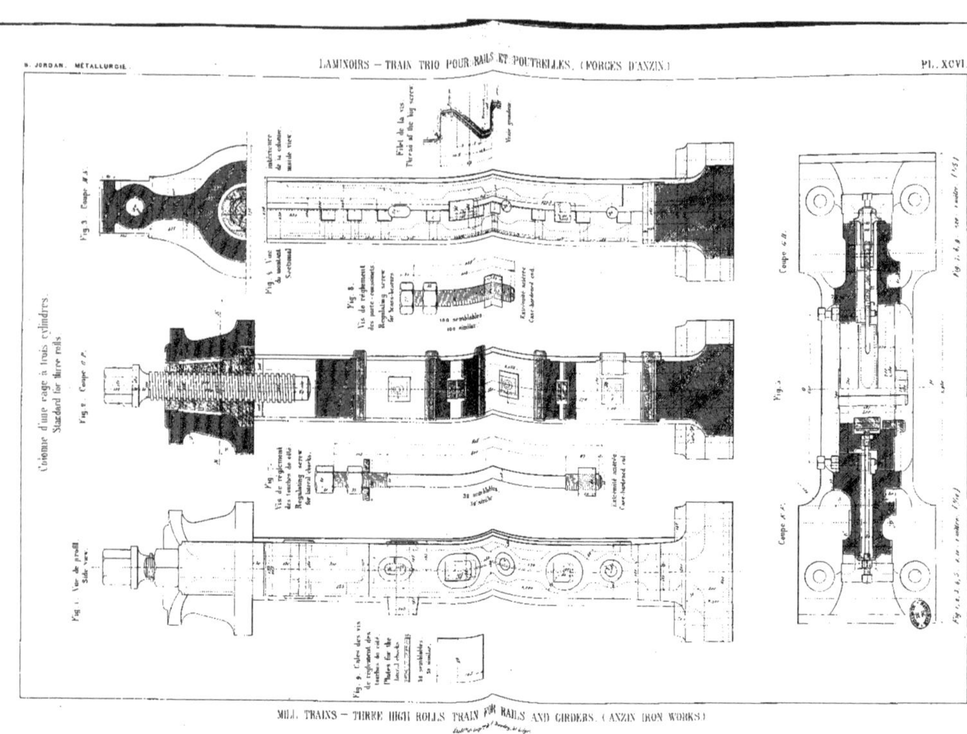

Colonne d'une cage à trois cylindres.
Standard for three rolls
Fig. 3. Coupe M.S.
Fig. 2. Coupe G.P.
Fig. 1. Vue de profil
Side view.
intérieure de la colonne
inside view
Fig. 4. Vue de montant
Sectional
Filet de la vis
Thread of the lug screw
Vis de réglement des tourillons
Regulating screw for barrel cheeks
Extrémité aciérée
Cast hardened end
100 semblables
100 similar
Vis de réglement des tourillons de côté
Regulating screw for lateral cheeks
Extrémité aciérée
Cast hardened end
30 semblables
30 similar
Coupe des vis de réglement des tourillons de côté
Pitches for the lateral checks
30 semblables
30 similar
Coupe G.B.
Coupe K.F.
Fig. 5. 6. 8. 9. vue à moitié 1/53
Fig. 6. 7. 8. 9.
Fig. 4. 2. 3. 5. vue à moitié 1/64
1/53

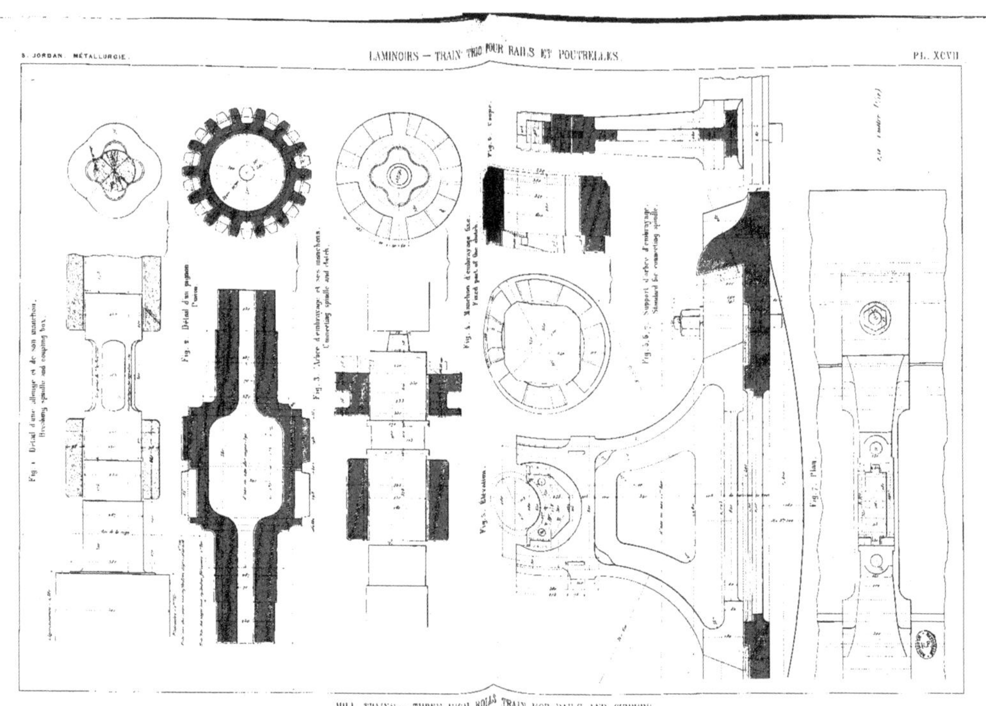

MILL TRAINS — THREE HIGH ROLLS TRAIN FOR RAILS AND GIRDERS.

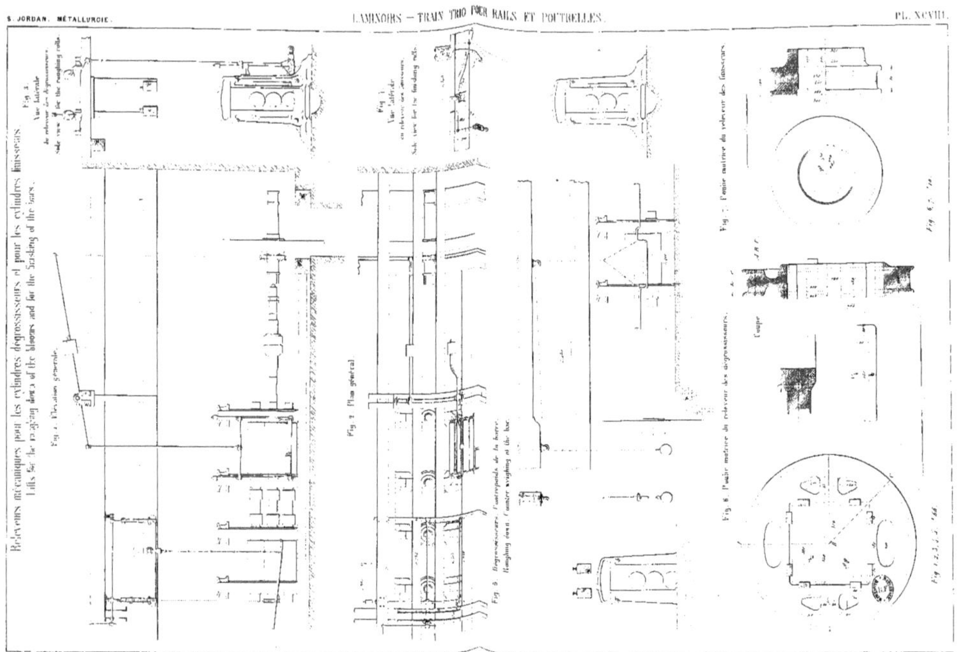

Relevures mécaniques pour les cylindres dégrossisseurs et pour les cylindres finisseurs.
Tills for the roughing rolls and for the finishing of the bars.

MILL TRAINS — THREE HIGH ROLLS TRAIN FOR RAILS AND GIRDERS.

Détail de la cage de l'élévateur aux cylindres dégrossisseurs.
Lifting feed cage of the roughing rolls

Fig. 1. Élévation de face.

Fig. 2. Vue de profil.

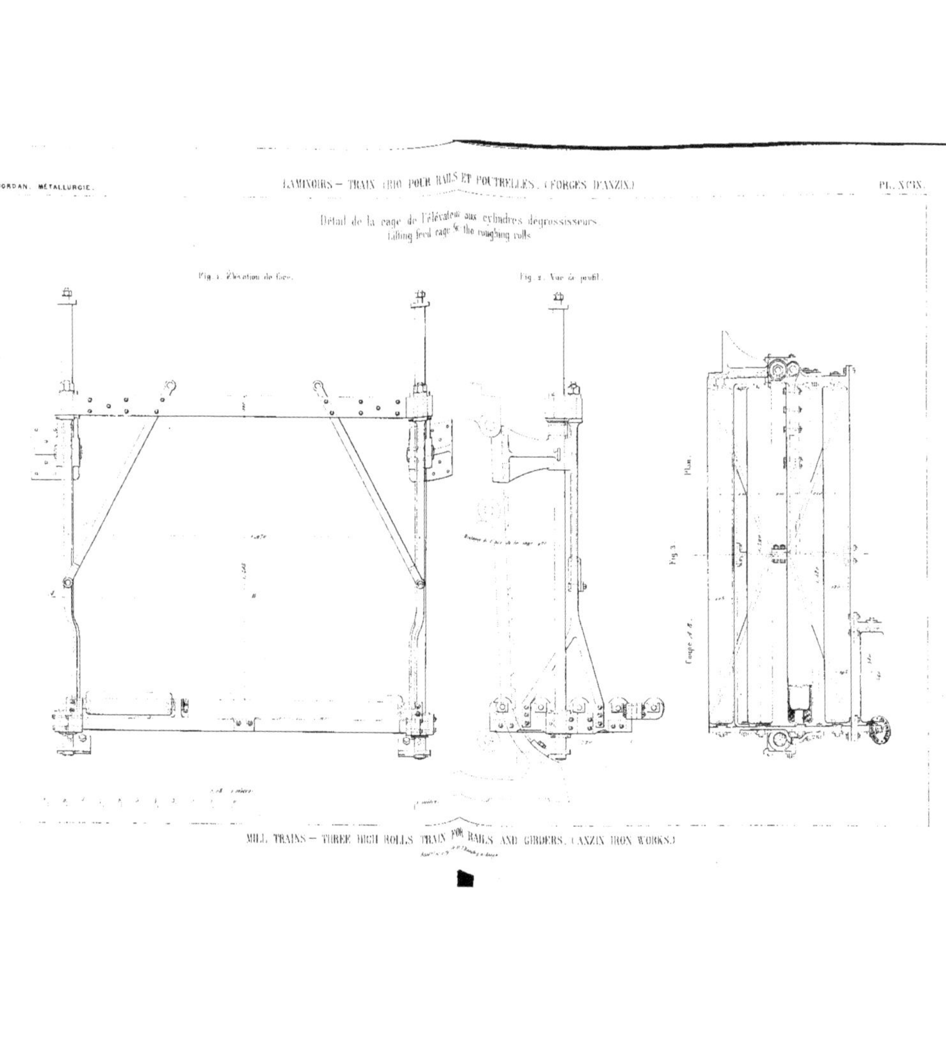

Plan.

Fig. 3.

Coupe A.B.

MILL TRAINS — THREE HIGH ROLLS TRAIN FOR RAILS AND GIRDERS. (ANZIN IRON WORKS.)

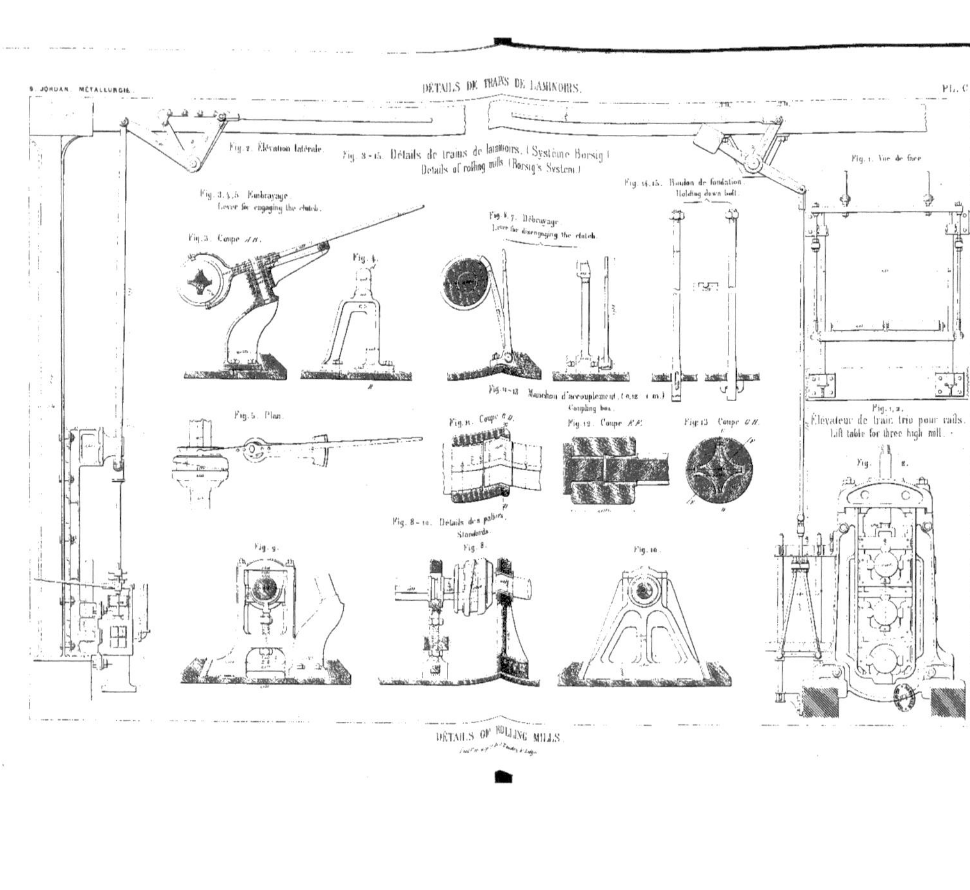
Fig. 2. Élévation latérale.
Fig. 3 - 15. Détails de trains de laminoirs. (Système Borsig.)
Details of rolling mills (Borsig's System.)
Fig. 3, 4, 5. Embrayage.
Lever for engaging the clutch.
Fig. 5. Coupe AB.
Fig. 4.
Fig. 6, 7. Débrayage.
Lever for disengaging the clutch.
Fig. 14, 15. Boulon de fondation.
Holding down bolt.
Fig. 1. Vue de face.
Fig. 5. Plan.
Fig. 11. Coupe CD.
Fig. 12. Coupe EF.
Fig. 13. Coupe GH.
Fig. 11 - 13. Manchon d'accouplement. (0,12 m.)
Coupling box.
Élévateur de train trio pour rails.
Lift table for three high mill.
Fig. 8 - 10. Détails des paliers.
Standards.
Fig. 9.
Fig. 8.
Fig. 10.
Fig. 1, 2.

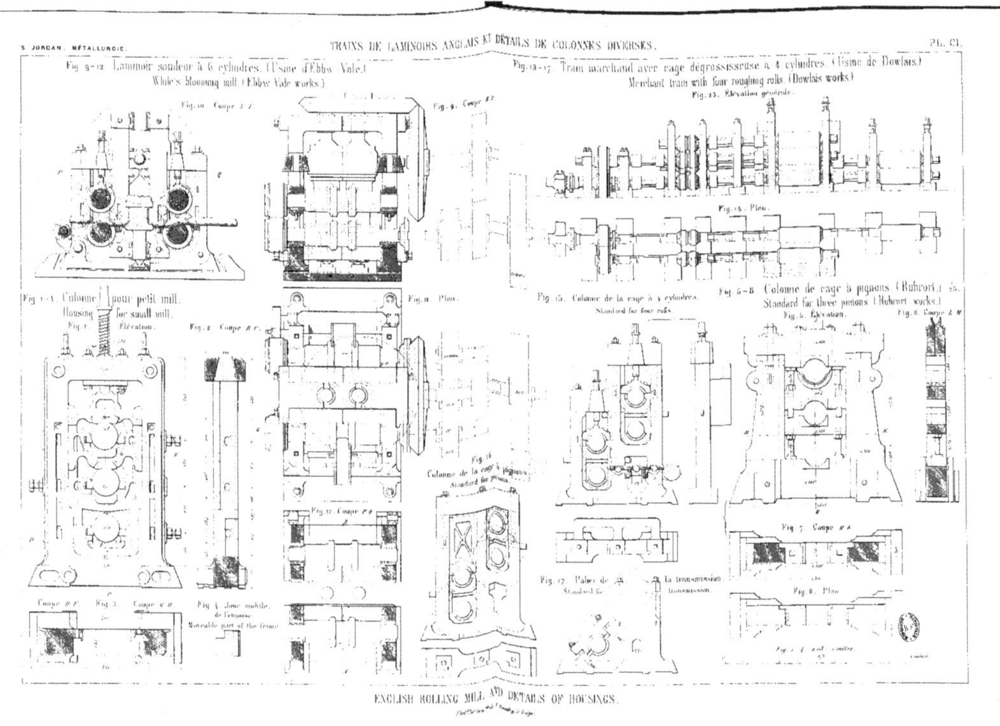

ENGLISH ROLLING MILL AND DETAILS OF HOUSINGS.

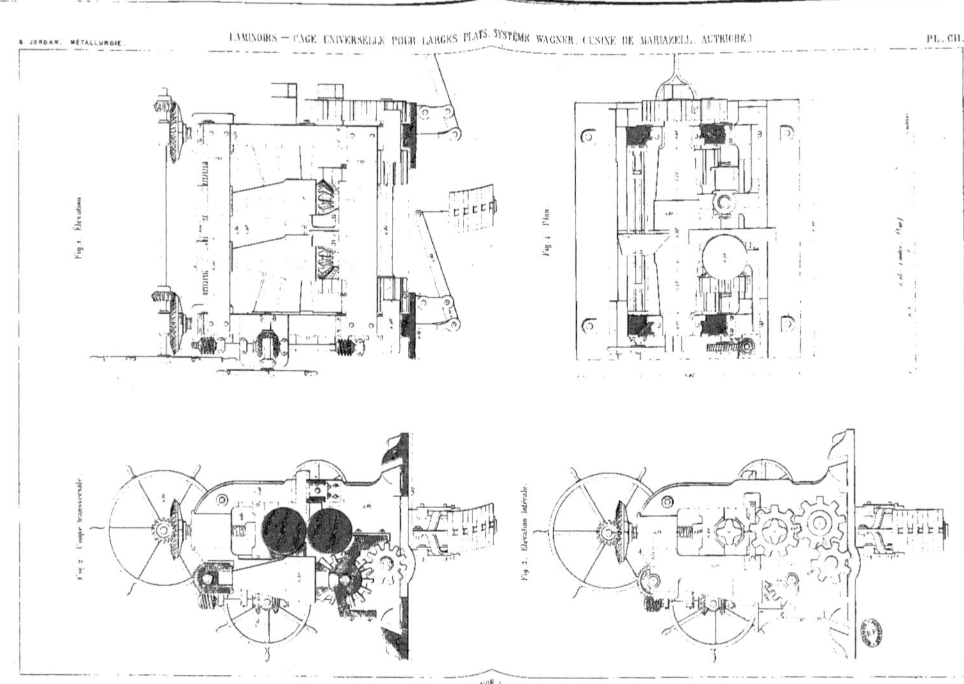

ROLLING MILLS — WAGNER'S UNIVERSAL MILL FOR LARGE FLAT BARS. (MARIAZELL, IRON WORKS.)

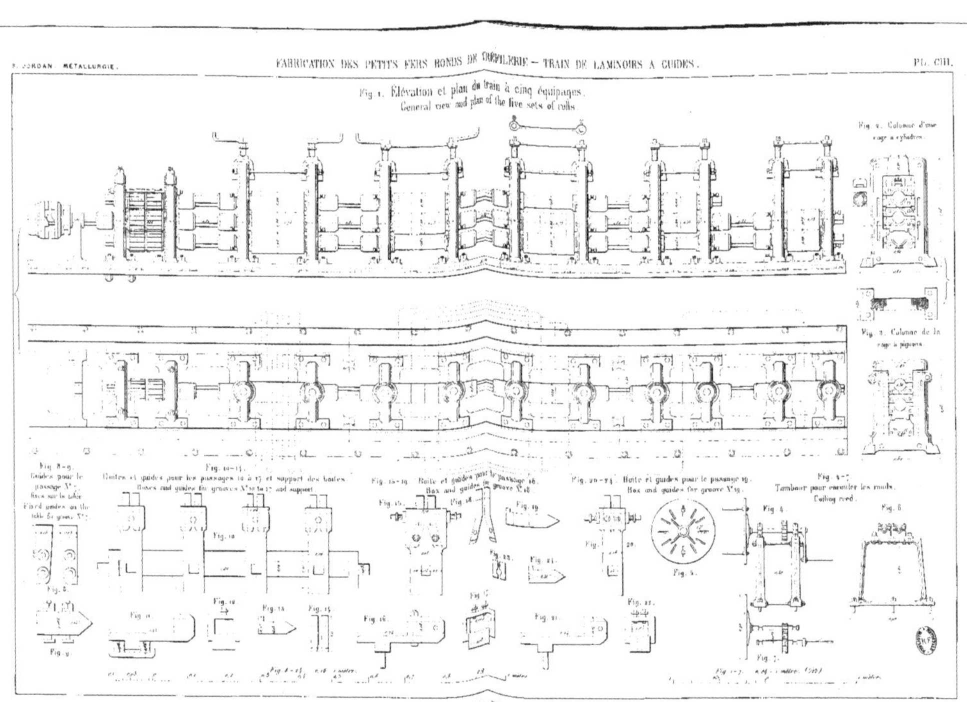

Fig. 1. Élévation et plan du train à cinq équipages.
General view and plan of the five sets of rolls
Fig. 2. Colonne d'une cage à cylindres.
Fig. 3. Colonne de la cage à pignons.
Fig. 8-9. Guides pour le passage N° 7. Fixed guides on the table for groove N° 7.
Fig. 10-17. Boîtes et guides pour les passages 10 à 17 et support des boîtes. Boxes and guides for grooves N° 10 to 17 and support.
Fig. 18-19. Boîte et guides pour le passage 18. Box and guides for groove N° 18.
Fig. 20-24. Boîte et guides pour le passage 19. Box and guides for groove N° 19.
Fig. 4-7. Tambour pour enrouler les rods. Coiling reed.

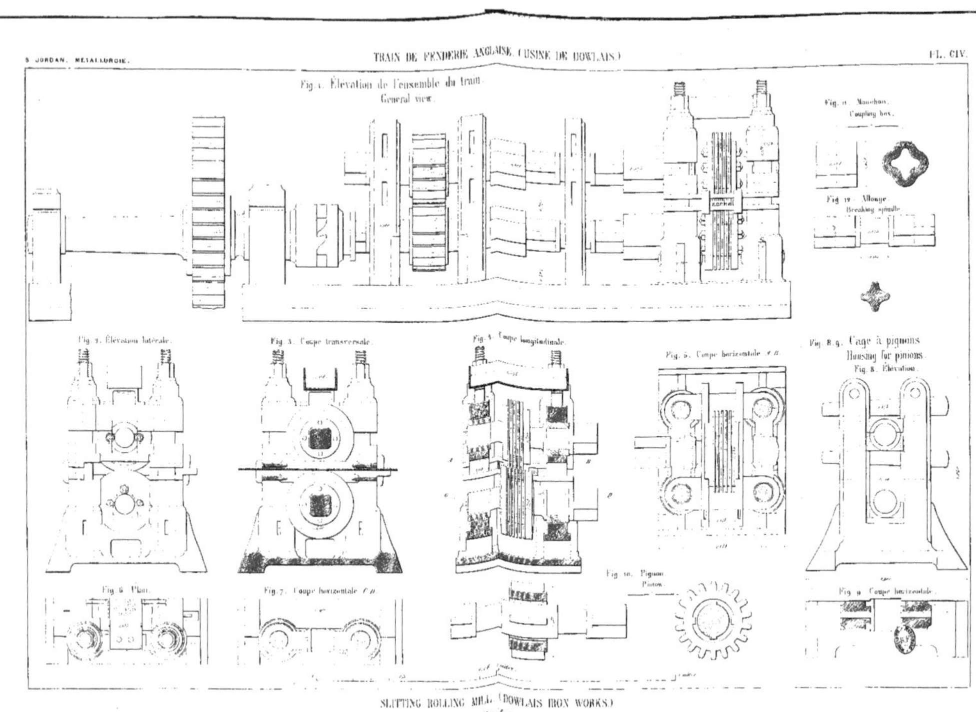

SLITTING ROLLING MILL (DOWLAIS IRON WORKS.)

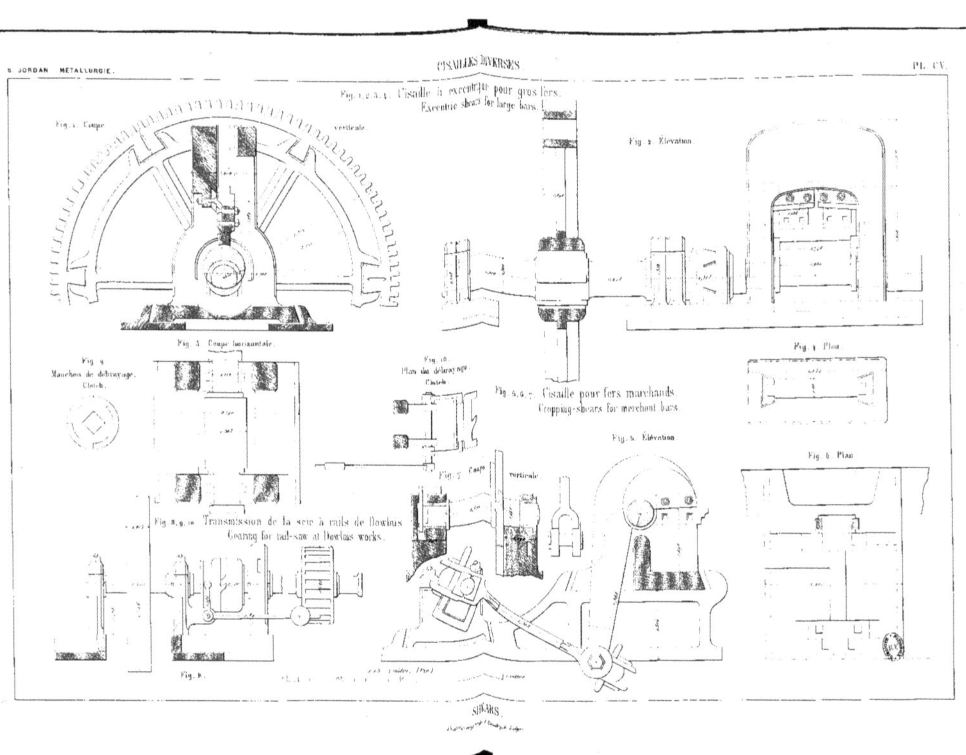

Fig. 1, 2, 3, 4. Cisaille à excentrique pour gros fers.
Excentric shears for large bars.
Fig. 1. Coupe verticale.
Fig. 2. Élévation.
Fig. 3. Coupe horizontale.
Fig. 4. Plan.
Fig. 8. Manchon de débrayage. Clutch.
Fig. 10. Plan du débrayage. Clutch.
Fig. 5, 6, 7. Cisaille pour fers marchands.
Cropping-shears for merchant bars.
Fig. 5. Élévation.
Fig. 6. Plan.
Fig. 7. Coupe verticale.
Fig. 8, 9, 10. Transmission de la scie à rails de Dowlais.
Gearing for rail-saw at Dowlais works.
Fig. 8.
Fig. 9.

SHEARS.

Fig. 1. Élevation latérale.

Fig. 2. Élevation de face.

Fig. 3. Plan.

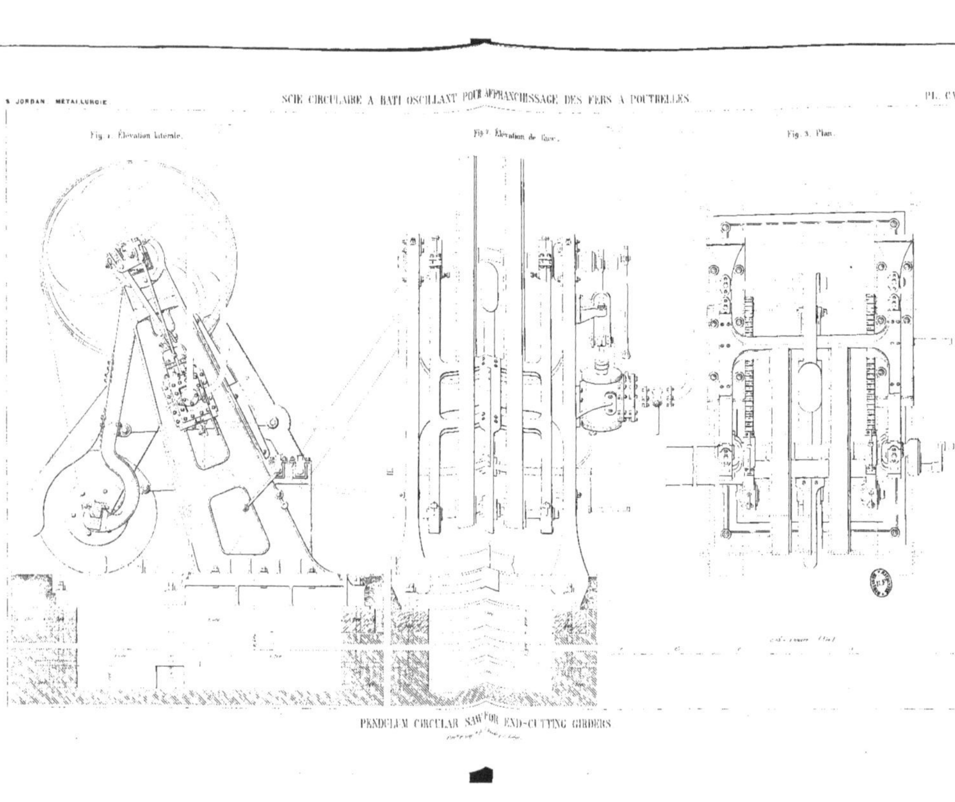

PENDULUM CIRCULAR SAW FOR END-CUTTING GIRDERS

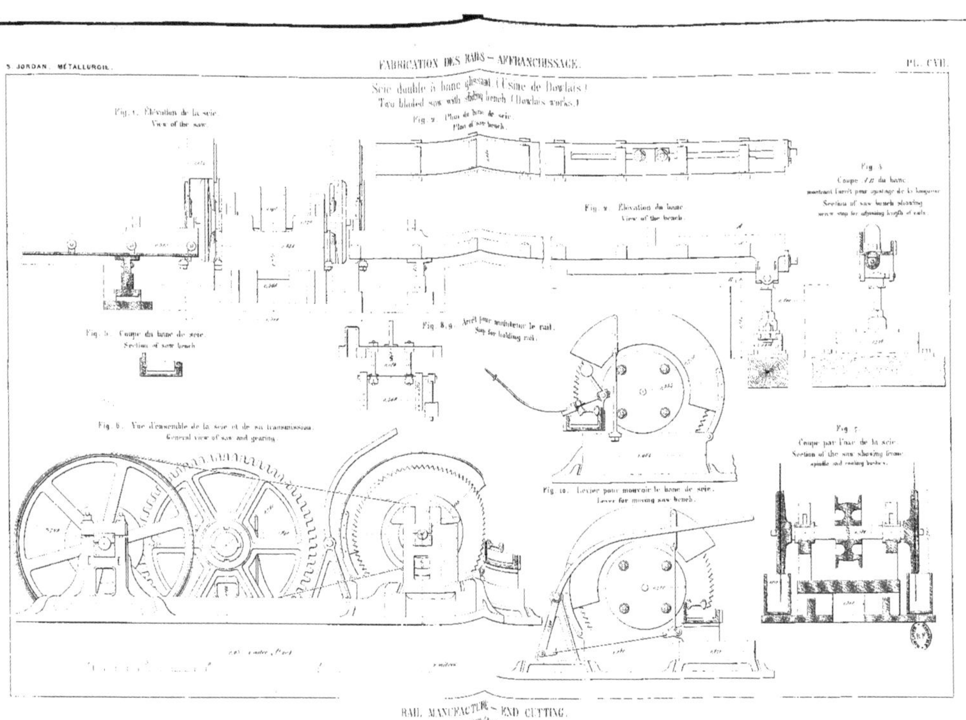

RAIL MANUFACTURE – END CUTTING.

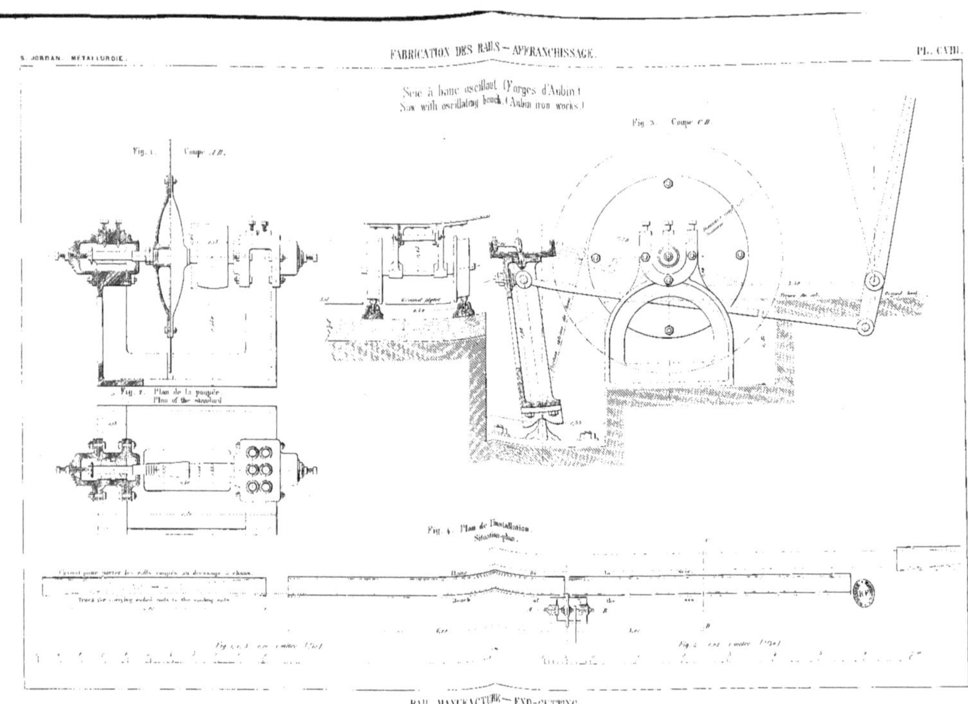
Scie à banc oscillant (Forges d'Aubin)
Saw with oscillating bench. (Aubin iron works.)
Fig. 1. Coupe A B.
Fig. 2. Plan de la poupée.
Plan of the standard.
Fig. 3. Coupe C D.
Fig. 4. Plan de l'installation.
Situation-plan.
Canal pour porter les rails coupés au dressage à chaud.
Trench for carrying cooled rails to the cooling sole.
Fig. 1, 2, 3. à un mètre 1/10.
Fig. 4. à un mètre 1/30.

Fig. 1—8. Presse à dresser conduite par engrenages. (Usine de Dowlais.)
Straightening press driven by gear.

Fig. 9-10. Presse à dresser conduite par courroie. (Usine de Dowlais.)
Straightening press driven by a band. (Dowlais works.)

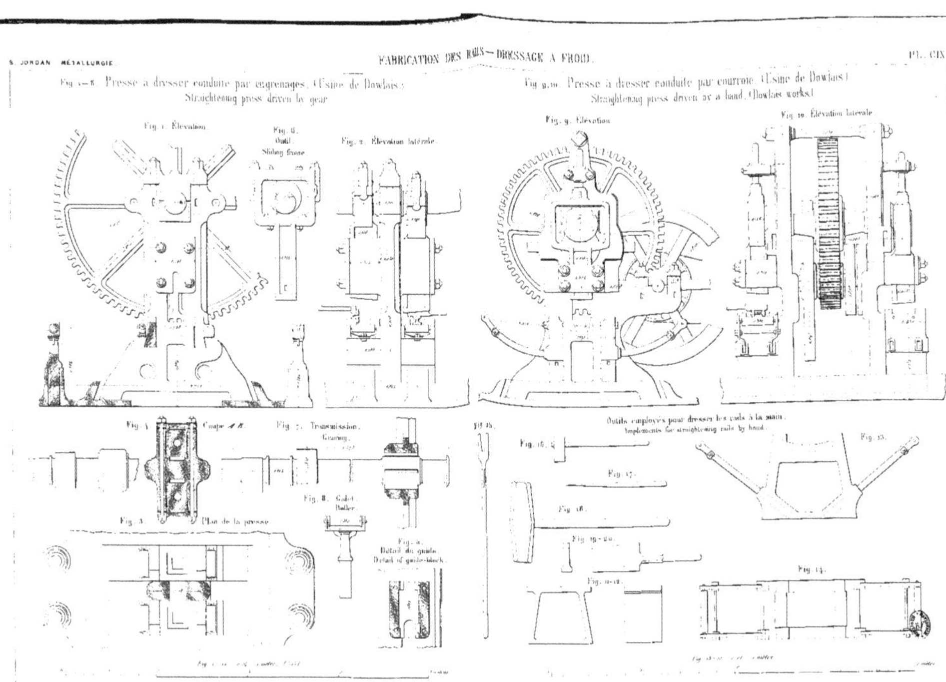

RAIL MANUFACTURE — STRAIGHTENING.

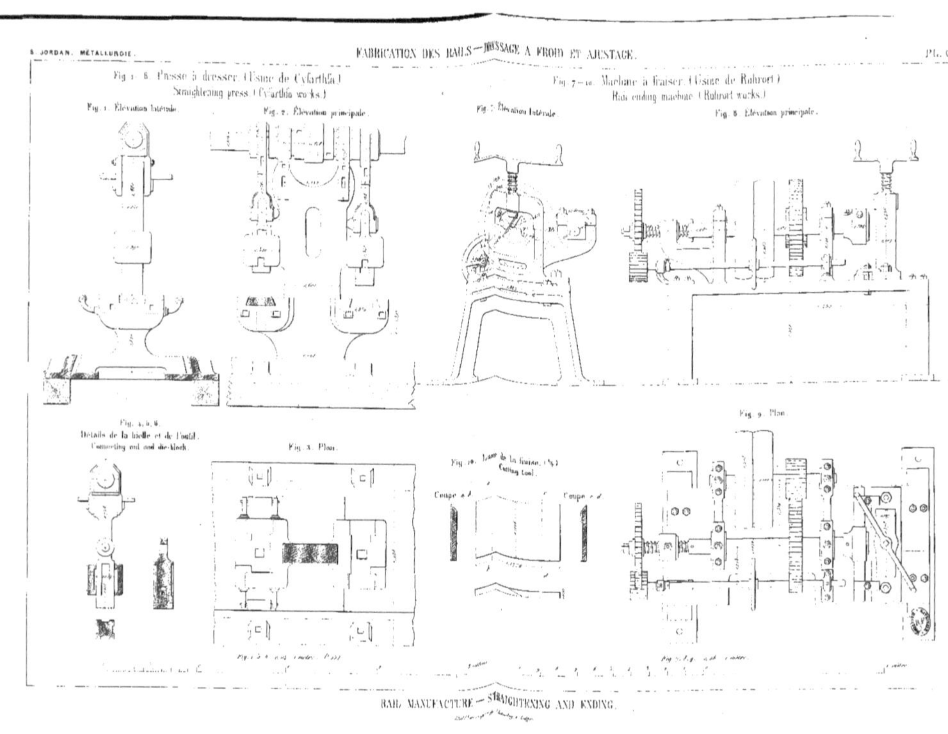
Fig. 1 à 6. Presse à dresser. (Usine de Cyfarthfa.)
Straightening press. (Cyfarthfa works.)
Fig. 7 à 10. Machine à fraiser. (Usine de Ruhrort.)
Rail ending machine. (Ruhrort works.)
Fig. 1. Élévation latérale.
Fig. 2. Élévation principale.
Fig. 7. Élévation latérale.
Fig. 8. Élévation principale.
Fig. 3, 4, 5. Détails de la bielle et de l'outil.
Connecting rod and die-block.
Fig. 6. Plan.
Fig. 9. Plan.
Fig. 10. Lame de la fraiser.
Cutting tool.
Coupe a b
Coupe c d

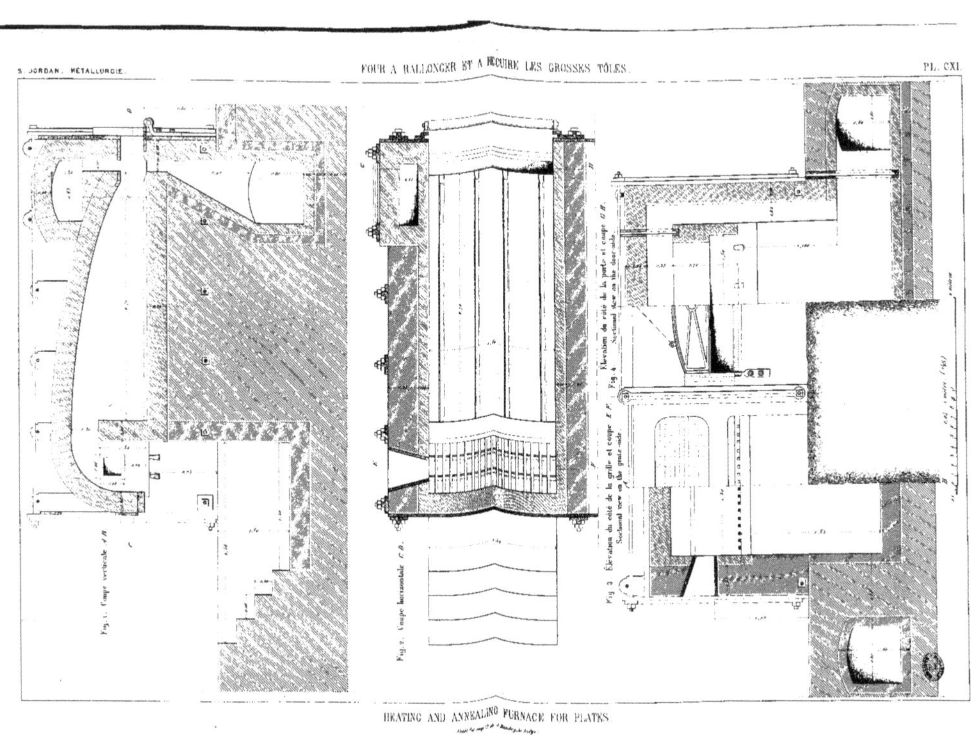

HEATING AND ANNEALING FURNACE FOR PLATES.

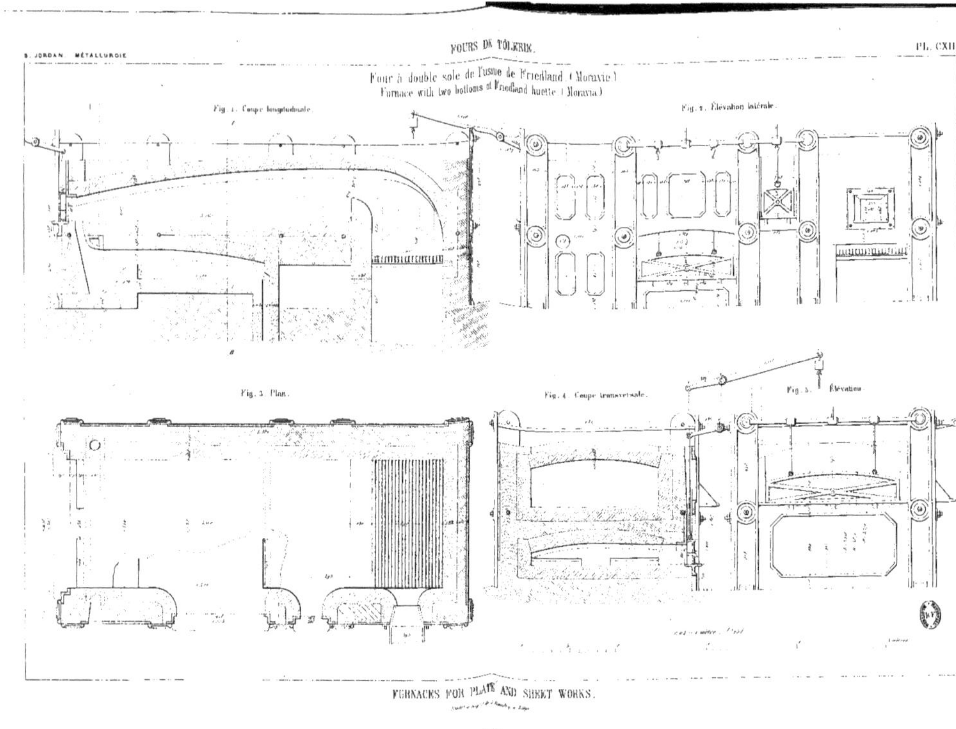

FURNACES FOR PLATE AND SHEET WORKS.

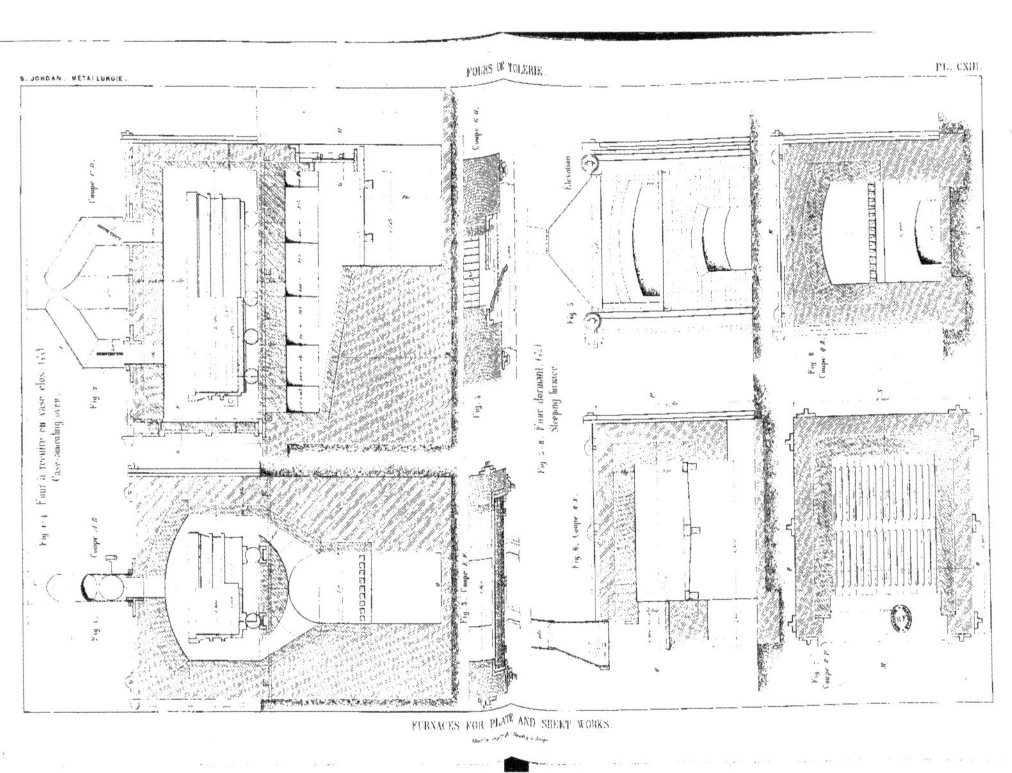

FURNACES FOR PLATE AND SHEET WORKS.

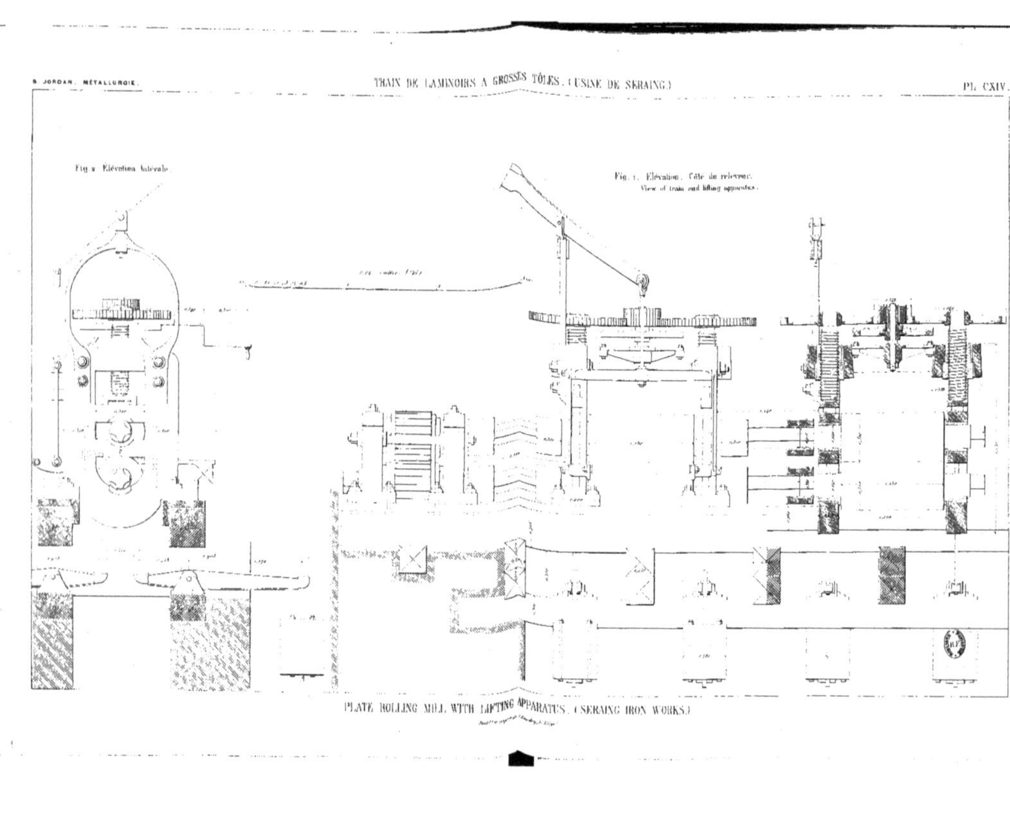
Fig. 2. Élévation latérale.
Fig. 1. Élévation. Côté du releveur.
View of train and lifting apparatus.
PLATE ROLLING MILL WITH LIFTING APPARATUS. (SERAING IRON WORKS.)

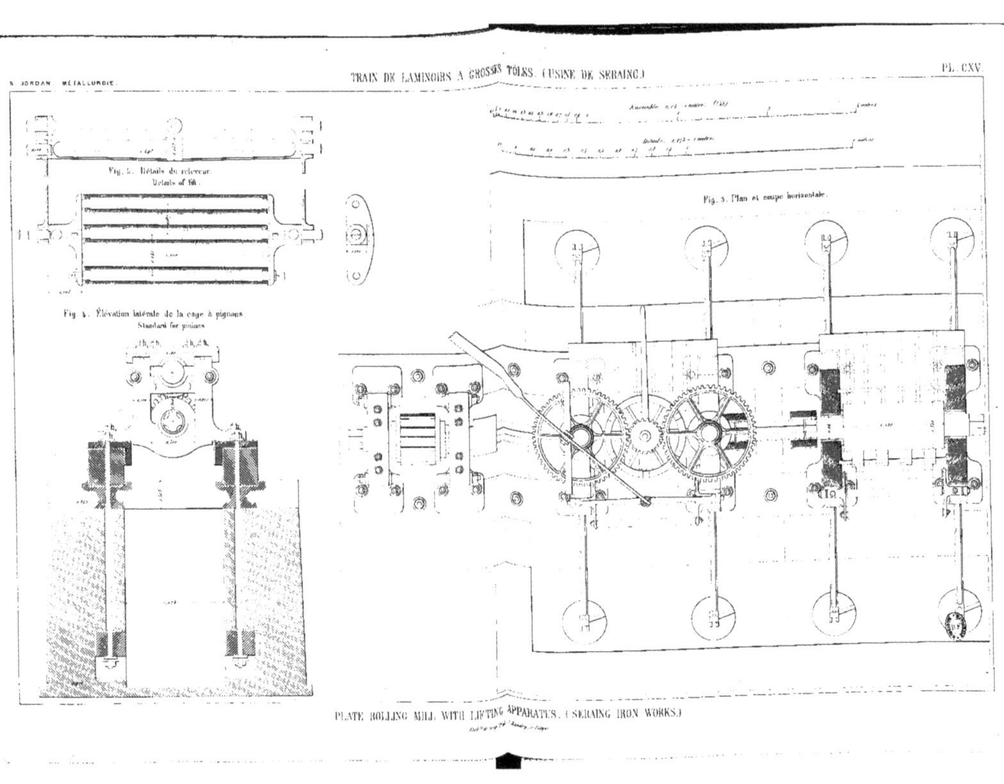

PLATE ROLLING MILL WITH LIFTING APPARATUS. (SERAING IRON WORKS.)

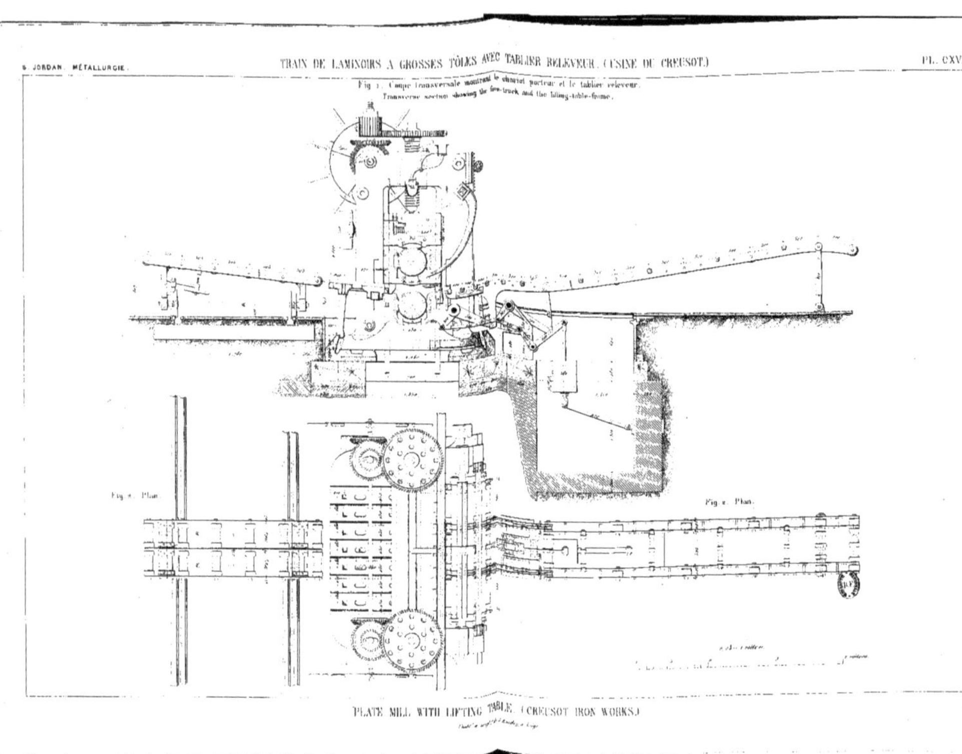

PLATE MILL WITH LIFTING TABLE. (CREUSOT IRON WORKS.)

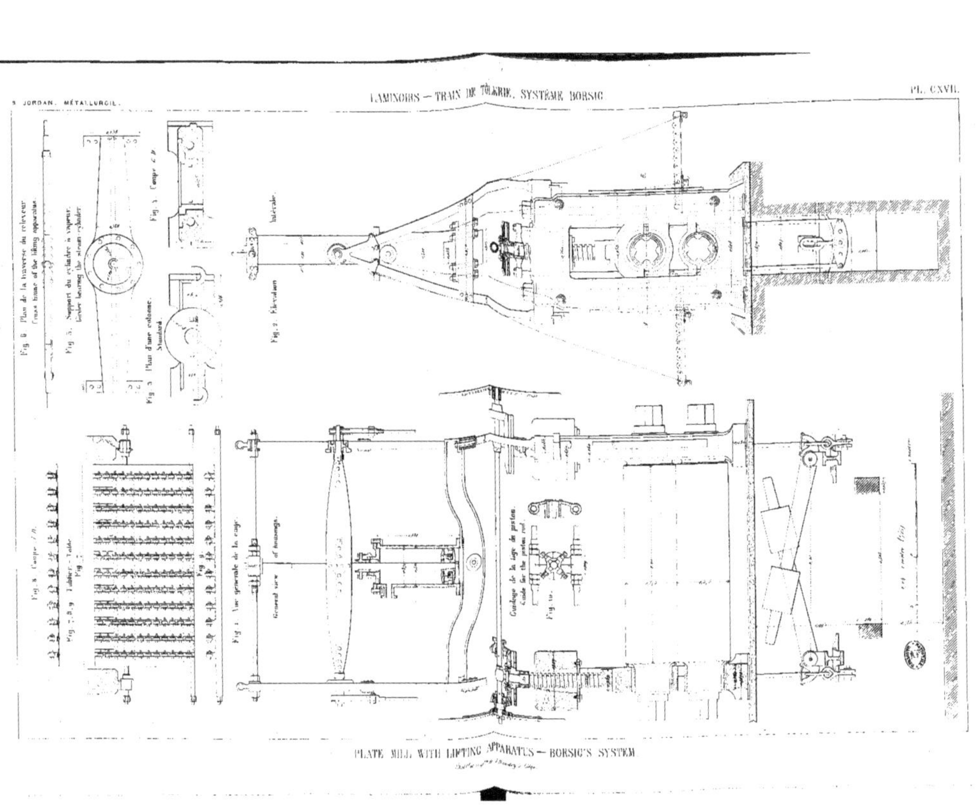

PLATE MILL WITH LIFTING APPARATUS — BORSIG'S SYSTEM

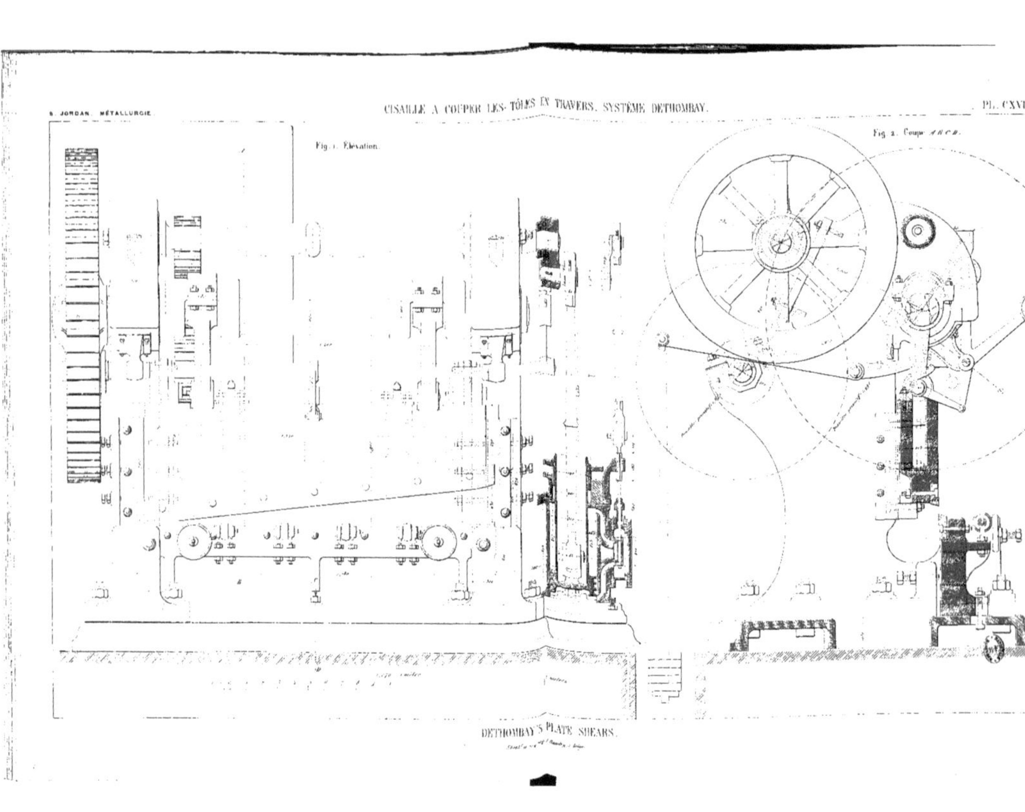

S. JORDAN MÉTALLURGIE
CISAILLE À COUPER LES TÔLES EN TRAVERS. SYSTÈME DETHOMBAY.
PL. CXVIII.
Fig. 1. Élévation.
Fig. 2. Coupe ABCD.
DETHOMBAY'S PLATE SHEARS.

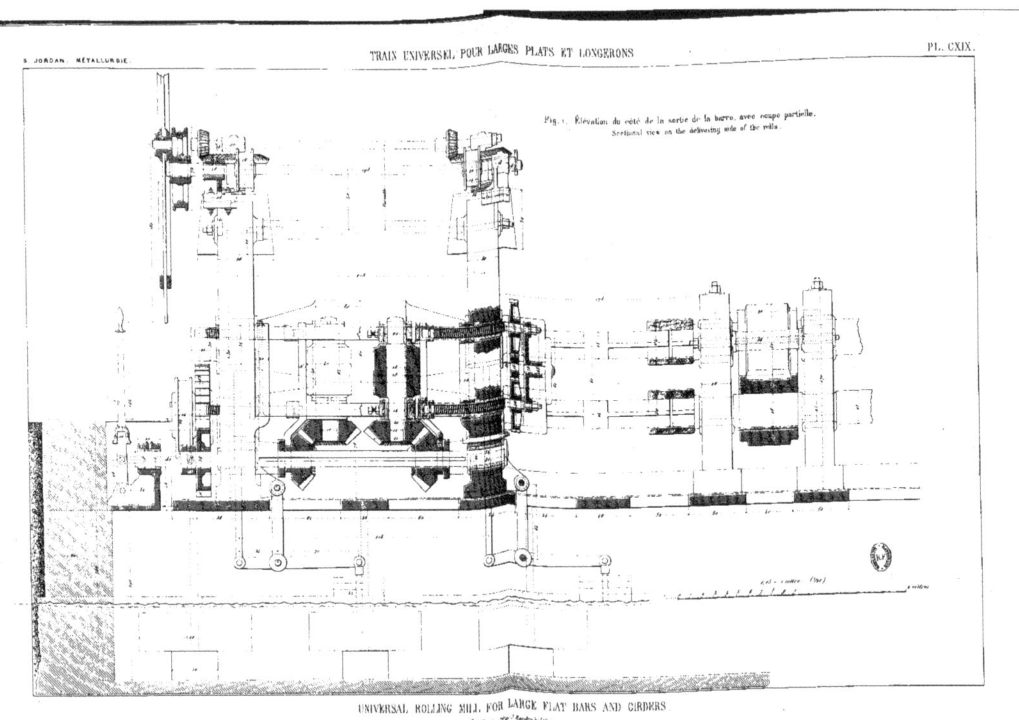

UNIVERSAL ROLLING MILL FOR LARGE FLAT BARS AND GIRDERS.

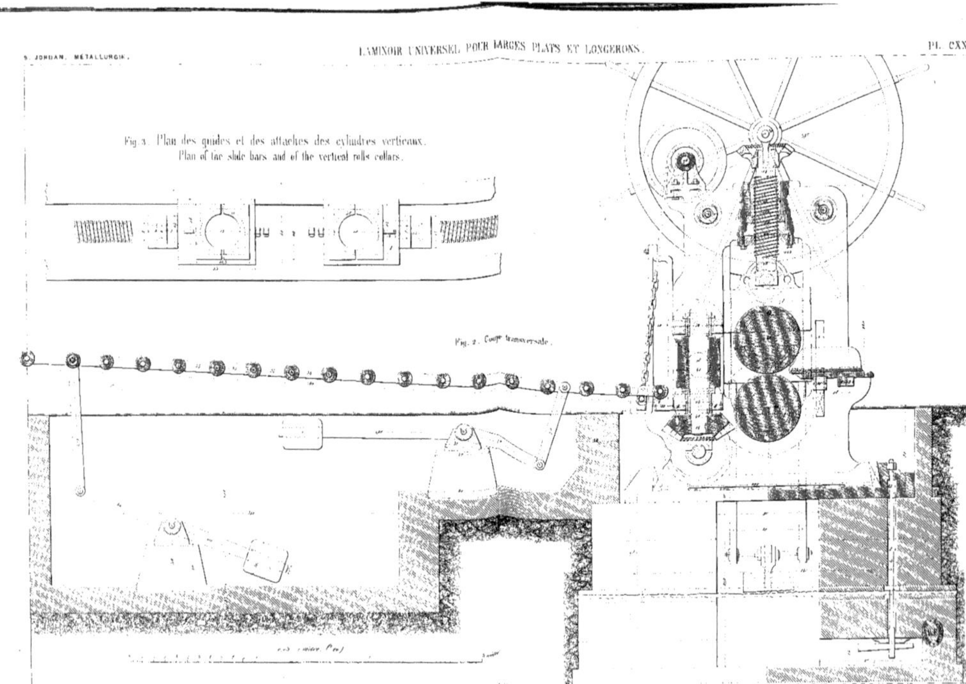

UNIVERSAL ROLLING MILL FOR LARGE FLAT BARS AND GIRDERS.

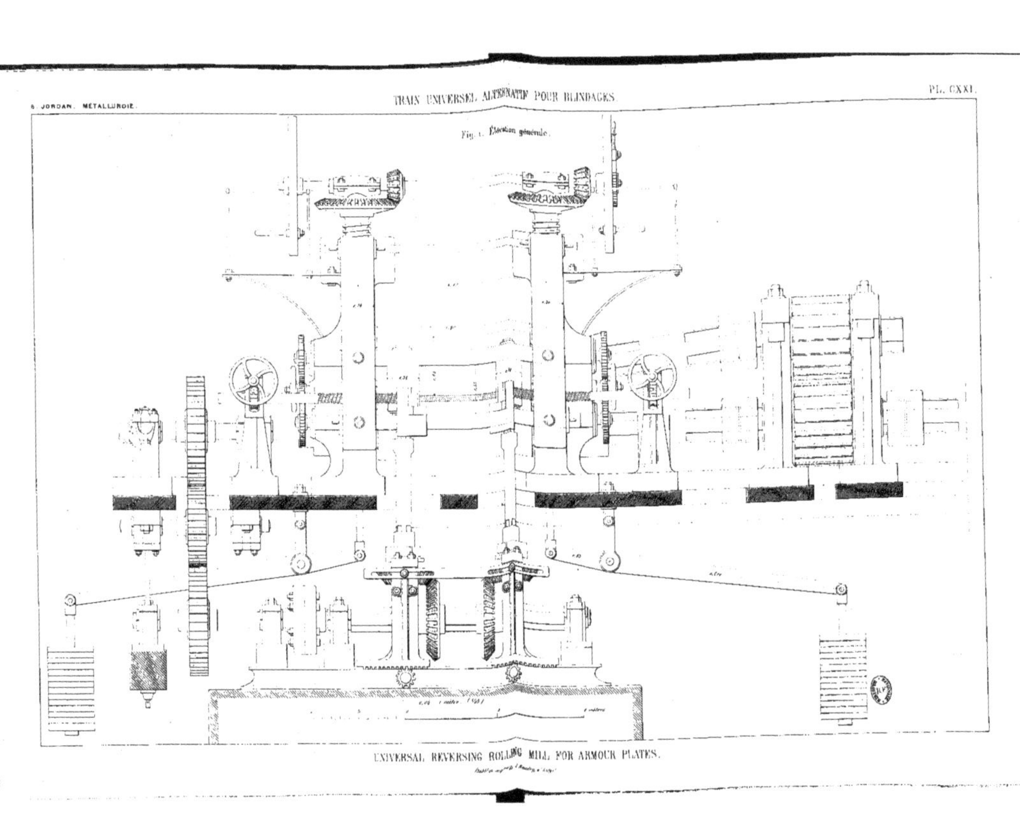

UNIVERSAL REVERSING ROLLING MILL FOR ARMOUR PLATES.

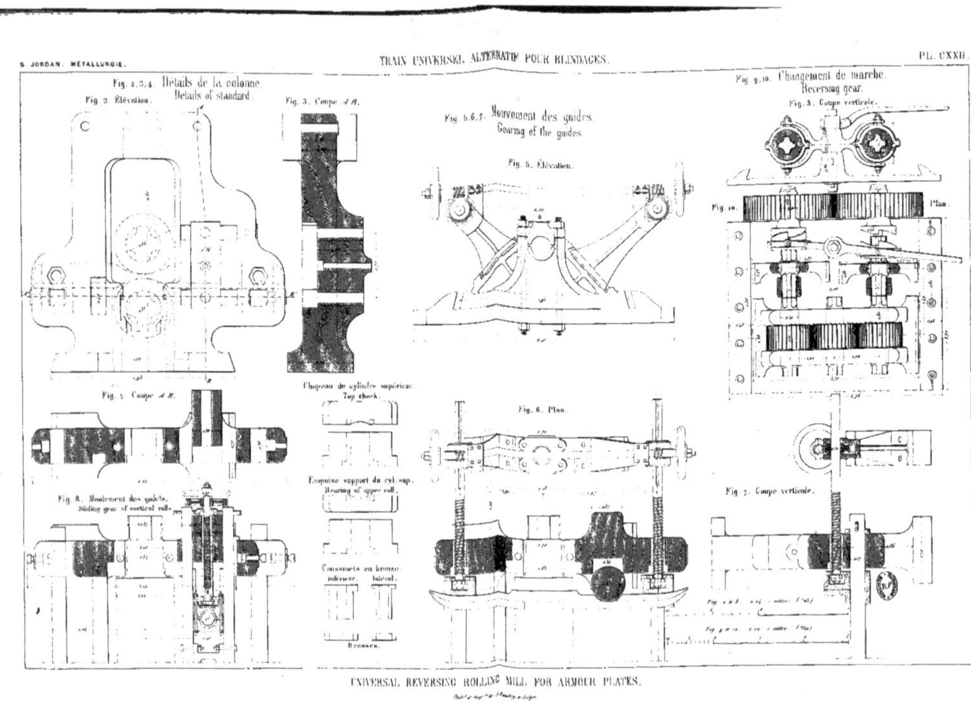

UNIVERSAL REVERSING ROLLING MILL FOR ARMOUR PLATES.

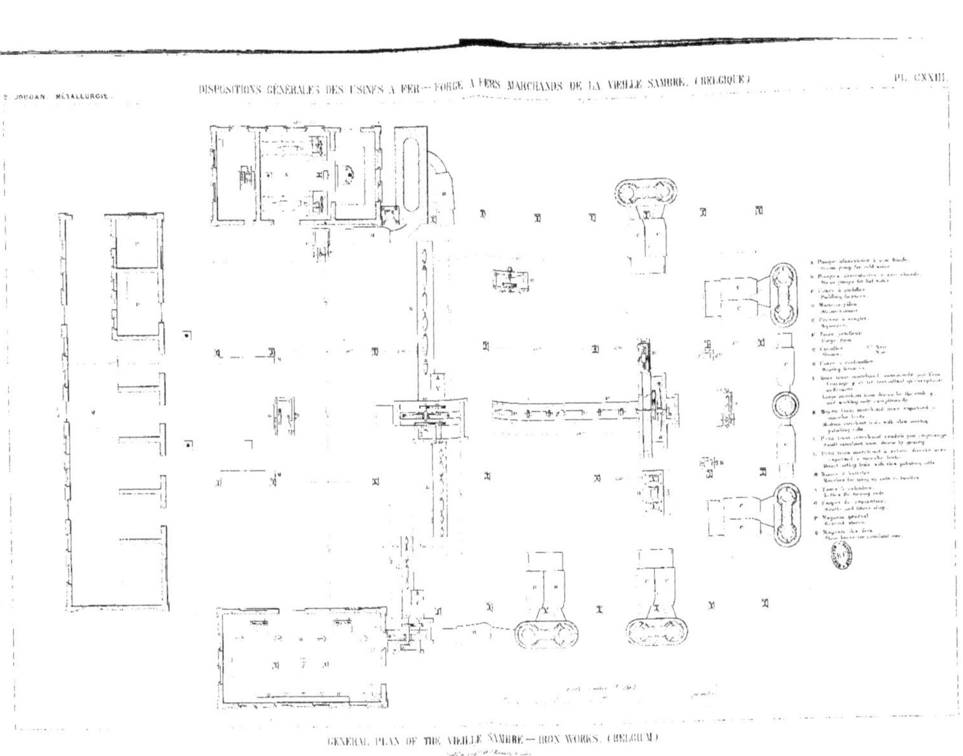

GENERAL PLAN OF THE VIEILLE SAMBRE — IRON WORKS. (BELGIUM)

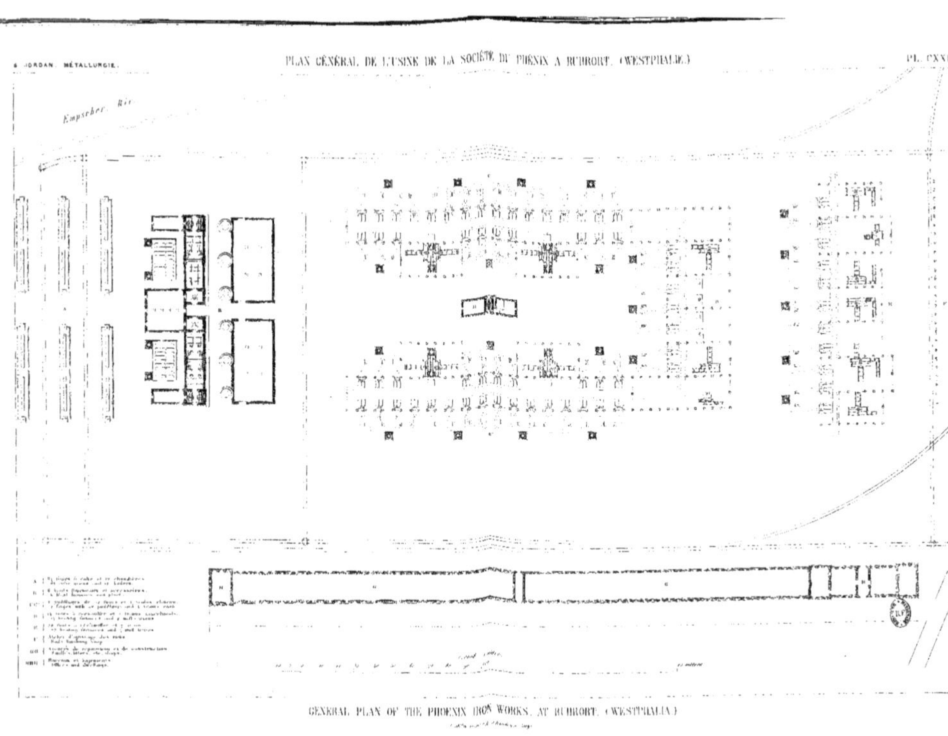

GENERAL PLAN OF THE PHOENIX IRON WORKS, AT RUHRORT. (WESTPHALIA.)

Plan général de la nouvelle forge
Situation plan of the new iron works.

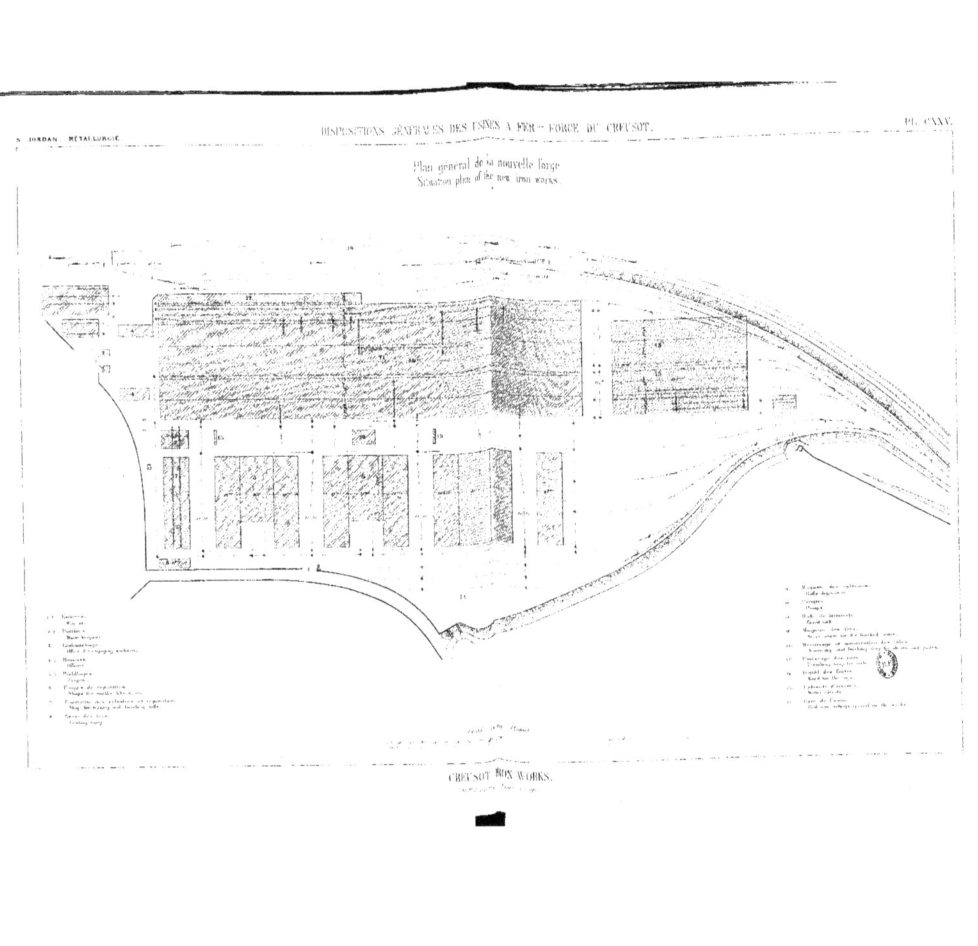

CREUSOT IRON WORKS.

S. JORDAN MÉTALLURGIE.

Plan de la nouvelle forge de Creusot.
Plan of the new Creusot bar iron works.

CREUSOT IRON WORKS.

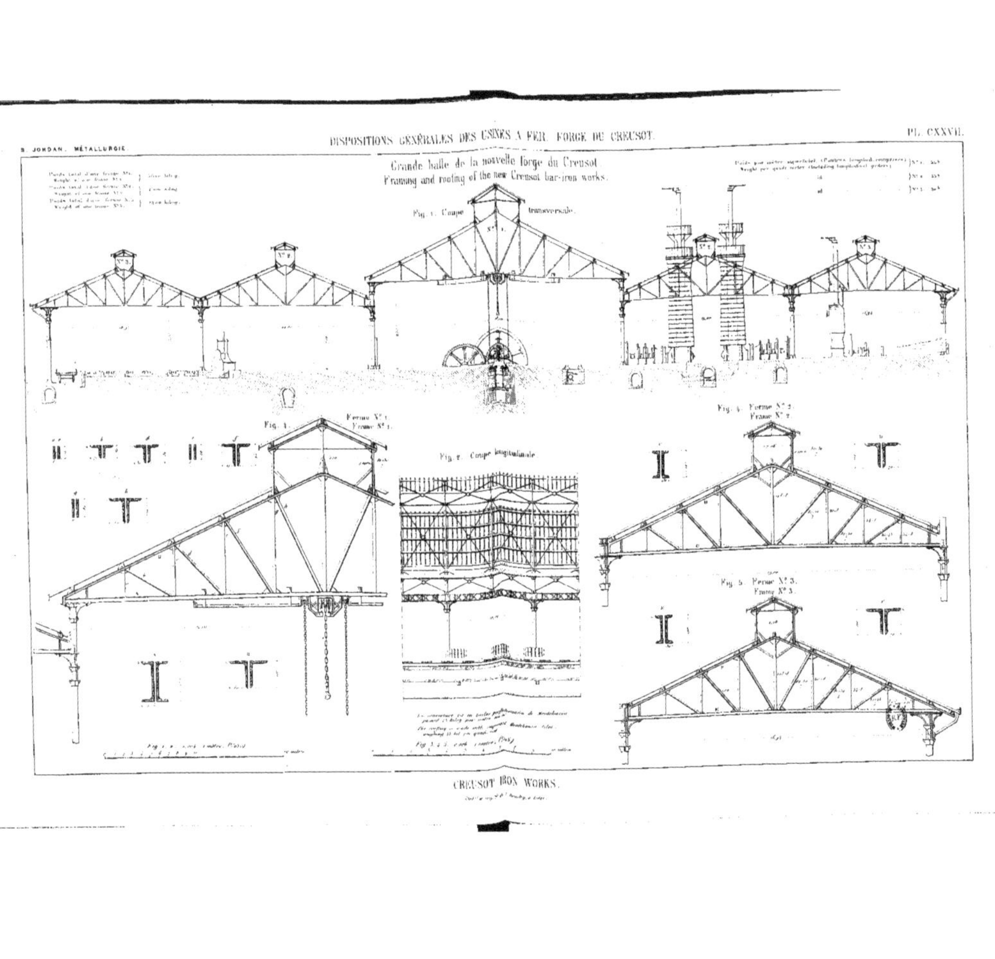
B. JORDAN. MÉTALLURGIE.
Grande halle de la nouvelle forge du Creusot.
Framing and roofing of the new Creusot bar-iron works.
Fig. 1. Coupe transversale.
Fig. 2. Coupe longitudinale.
Fig. 3. Ferme N° 1. Frame N° 1.
Fig. 4. Ferme N° 2. Frame N° 2.
Fig. 5. Ferme N° 3. Frame N° 3.
CREUSOT IRON WORKS.

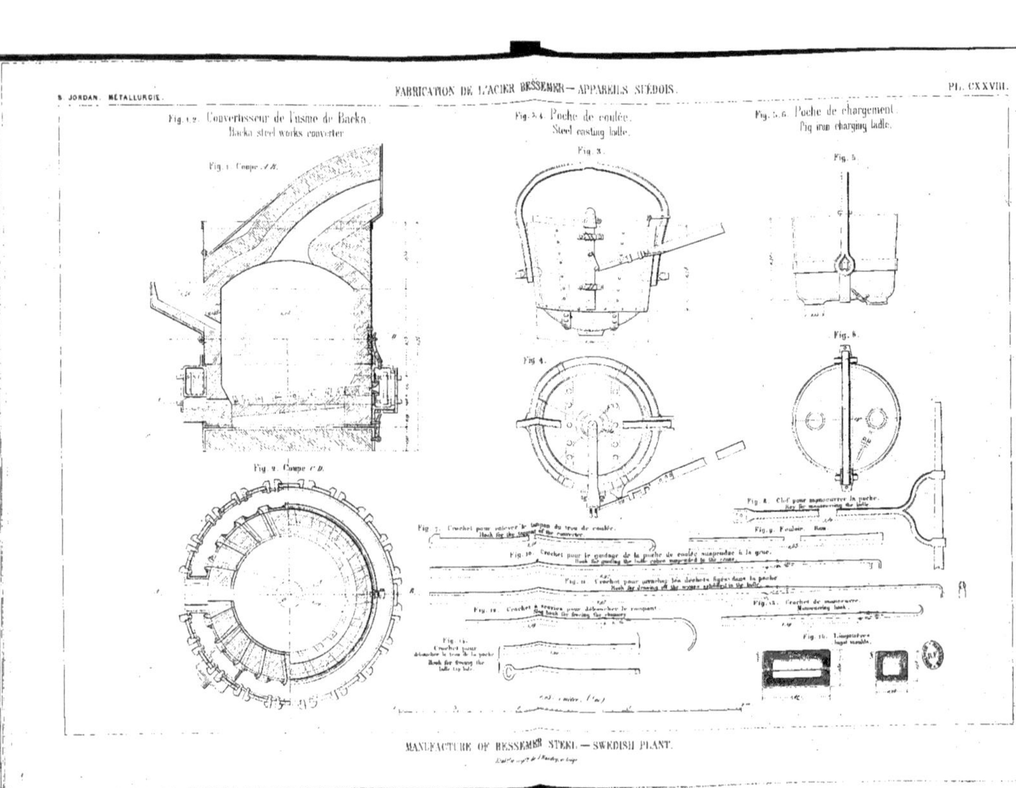

MANUFACTURE OF BESSEMER STEEL. — SWEDISH PLANT.

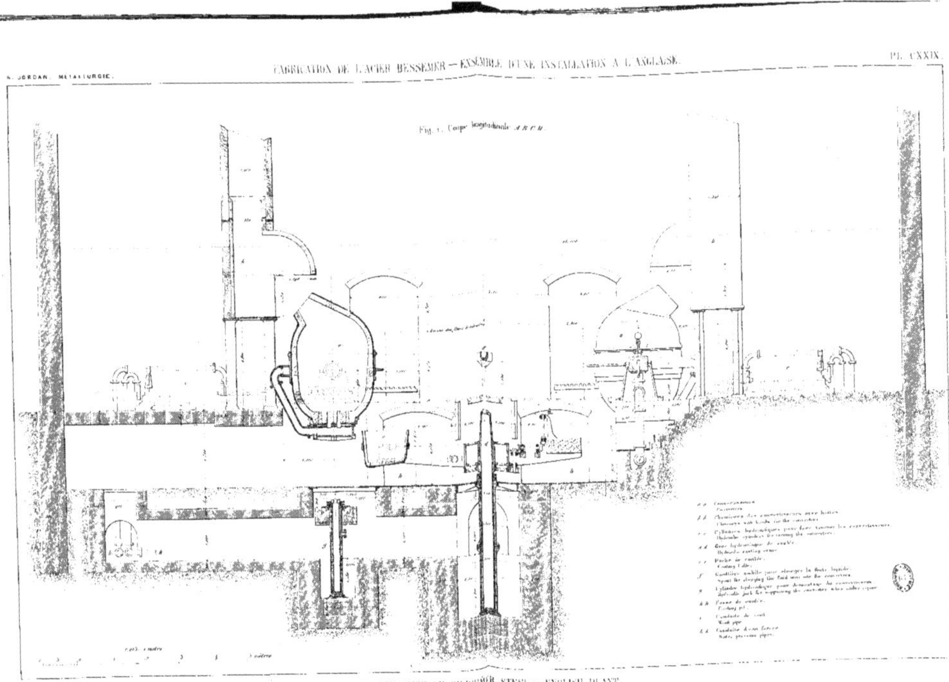

MANUFACTURE OF BESSEMER STEEL. — ENGLISH PLANT.

Fig. 2. Coupe par le milieu de l'atelier montrant les fours de fusion.

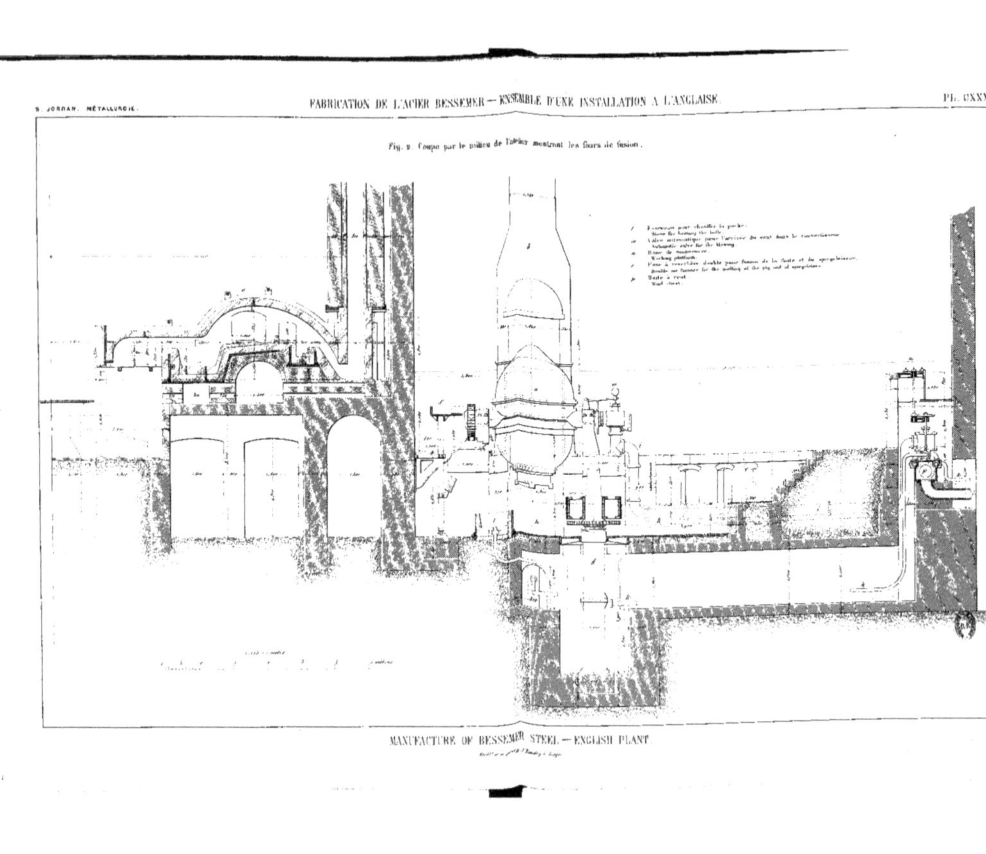

MANUFACTURE OF BESSEMER STEEL. — ENGLISH PLANT

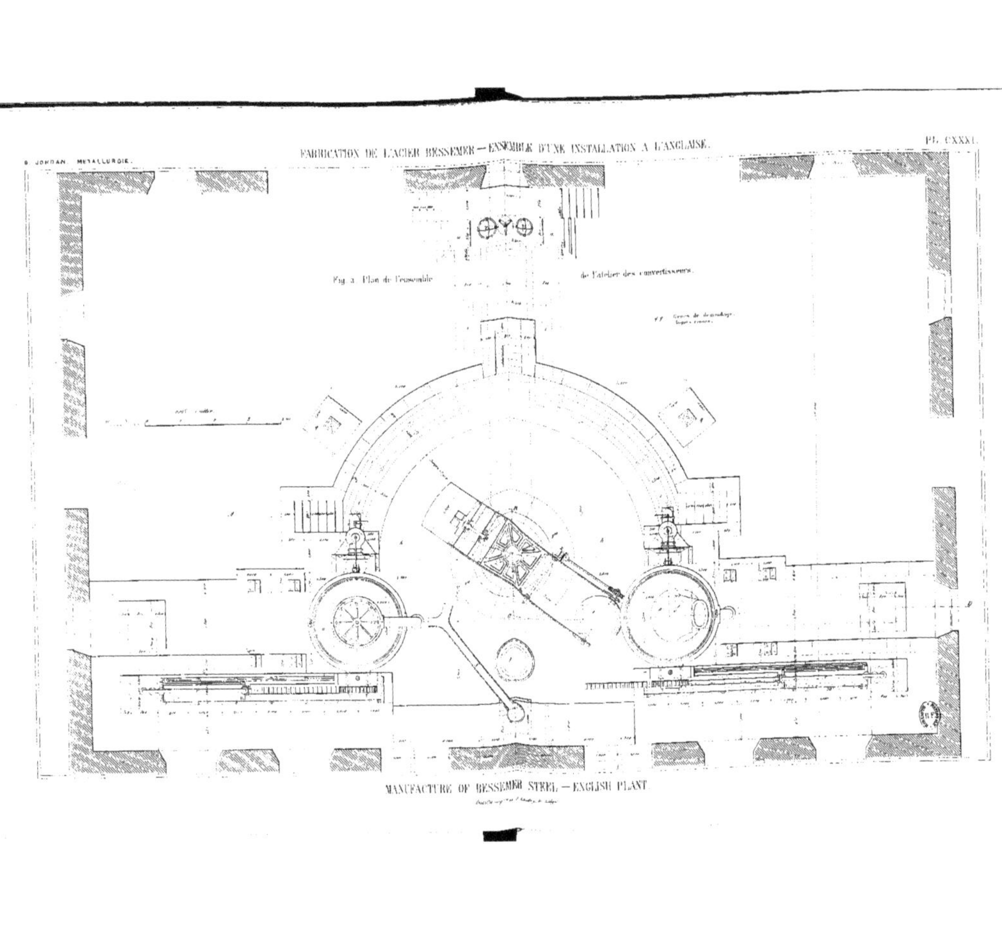

MANUFACTURE OF BESSEMER STEEL — ENGLISH PLANT.

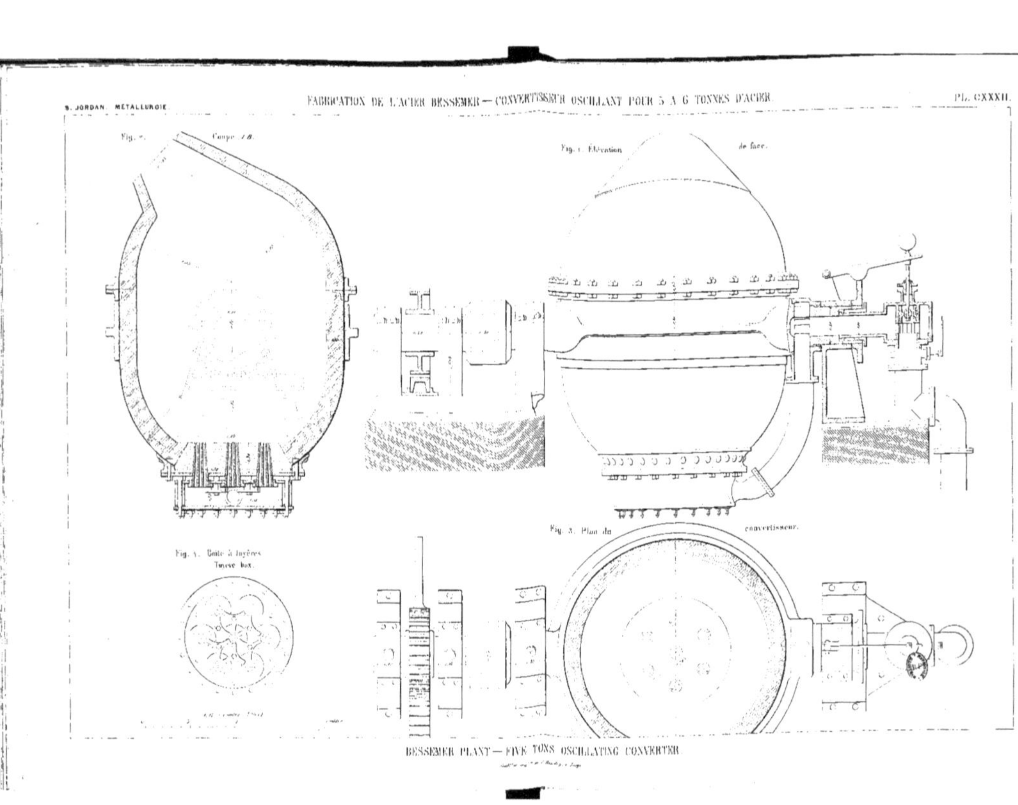

BESSEMER PLANT — FIVE TONS OSCILLATING CONVERTER.

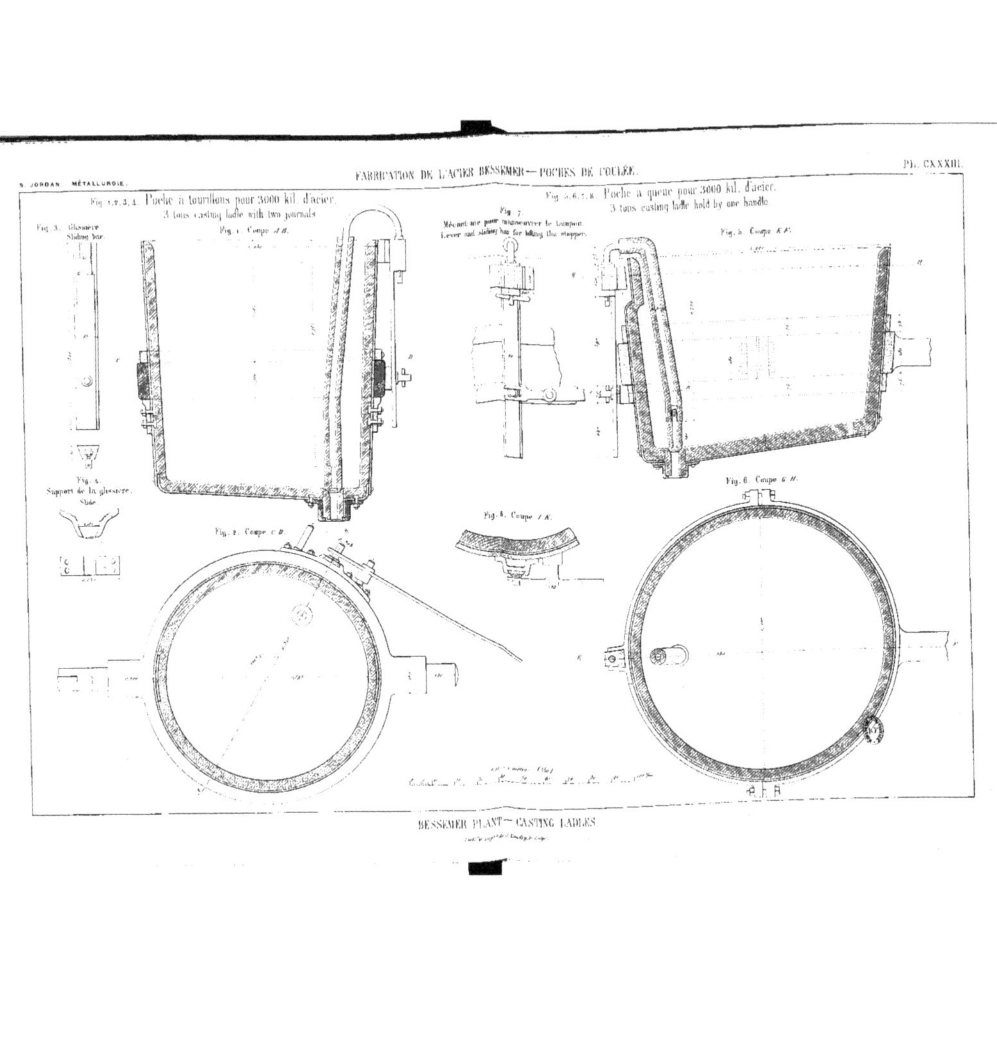
J. JORDAN MÉTALLURGIE.

Fig. 1, 2, 3, 4. Poche à tourillons pour 3000 kil. d'acier.
3 tons casting ladle with two journals.

Fig. 3. Glissière
Sliding bar.

Fig. 1. Coupe A B.

Fig. 4.
Support de la glissière.
Slide.

Fig. 2. Coupe C D.

Fig. 5, 6, 7, 8. Poche à queue pour 3000 kil. d'acier.
3 tons casting ladle held by one handle.

Fig. 7.
Mécanisme pour manœuvrer le tampon.
Lever and sliding bar for lifting the stopper.

Fig. 5. Coupe E F.

Fig. 6. Coupe G H.

Fig. 8. Coupe I K.

BESSEMER PLANT — CASTING LADLES.

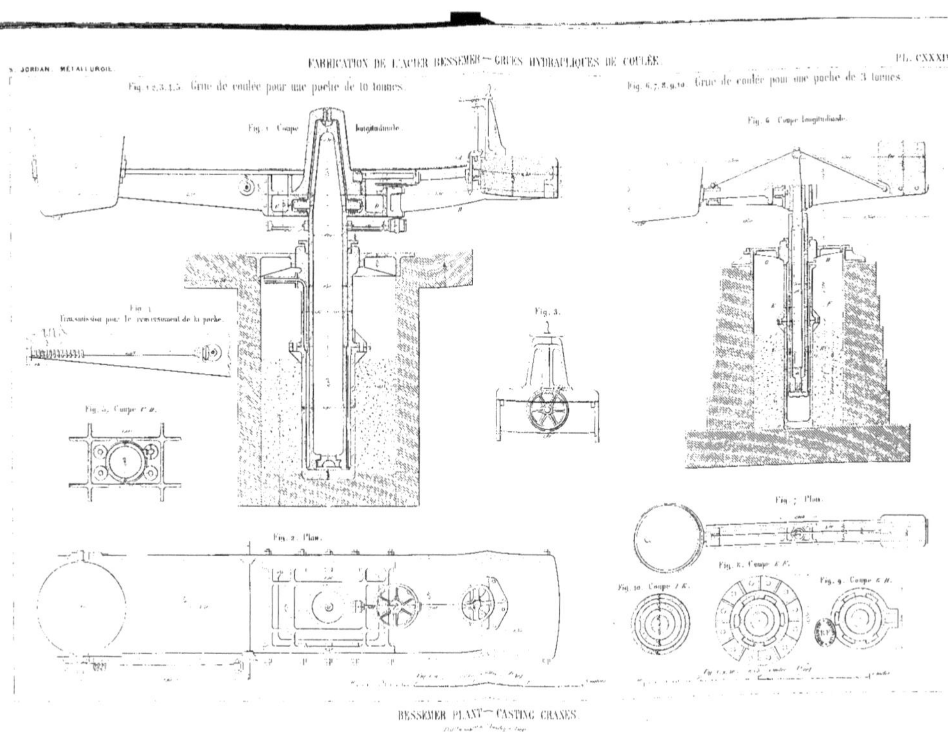

BESSEMER PLANT — CASTING CRANES.

Four de l'usine de Sireuil pour 3 tonnes d'acier.
3 tons furnace at Sireuil steel works.

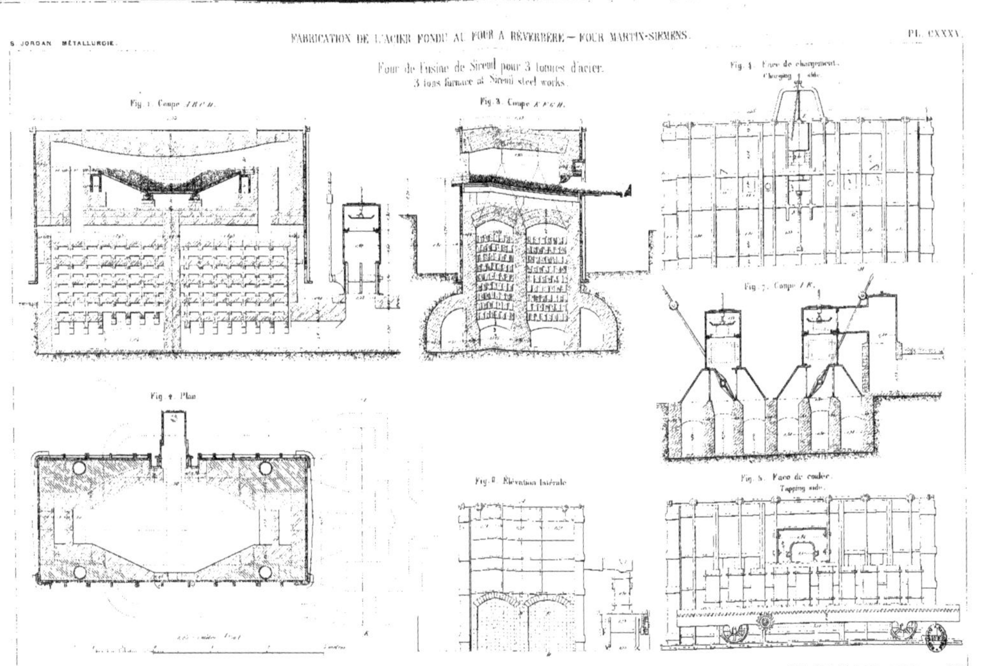

MANUFACTURE OF CAST STEEL ON OPEN HEARTH — SIEMENS-MARTIN FURNACE.

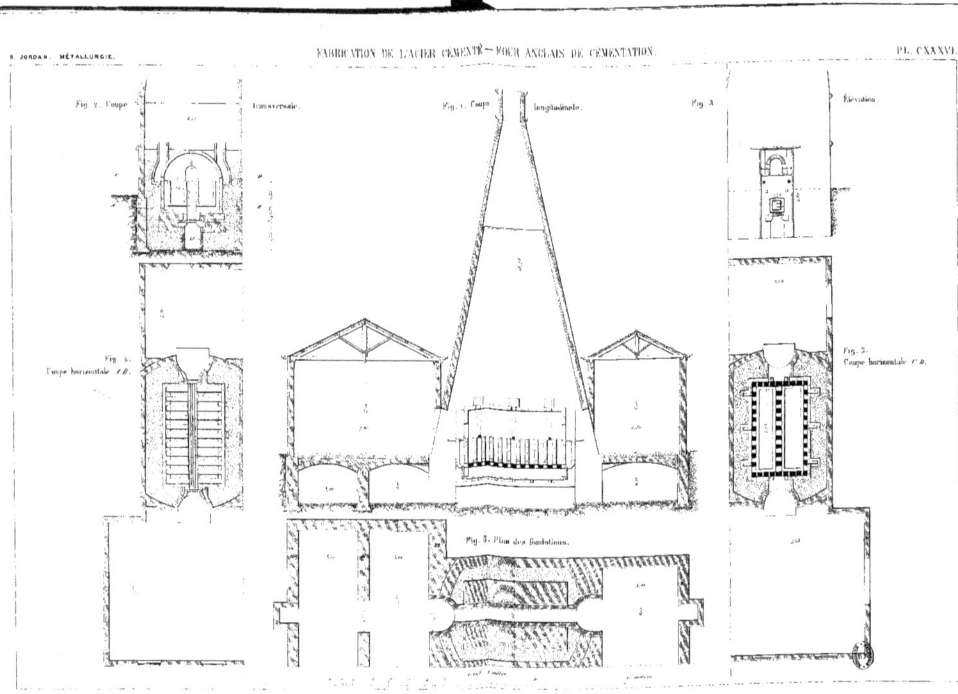

BLISTER STEEL MANUFACTURE — CONVERTING FURNACE.

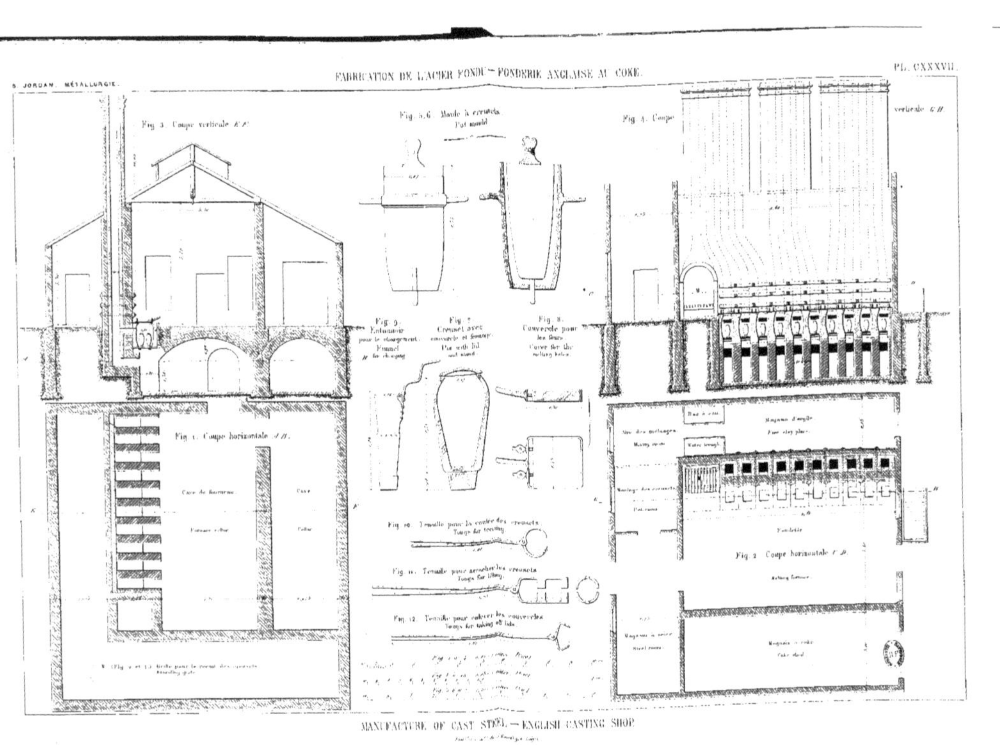
B. JORDAN. MÉTALLURGIE.
Fig. 3. Coupe verticale A B.
Fig. 5.6. Moule à creusets
Pot mould
Fig. 4. Coupe
verticale G H.
Fig. 9.
Entonnoir
pour le changement.
Funnel
for charging.
Fig. 7.
Creuset avec
couvercle et fermeture.
Pot with lid
and stand.
Fig. 8.
Couvercle pour
les fours.
Cover for the
melting holes.
Fig. 1. Coupe horizontale A B.
Cave du fourneau
Cave
Fourneau à vent
Cellar
Bac à eau
Vue des mélanges
Mixing room
Magasin d'argile
Fire clay place
Water trough
Montage des creusets
Pot room
Fonderie
Fig. 2. Coupe horizontale C D.
Melting furnace
Fig. 10. Tenaille pour la centre des creusets.
Tongs for testing.
Fig. 11. Tenaille pour arracher les creusets.
Tongs for lifting.
Fig. 12. Tenaille pour enlever les couvercles.
Tongs for taking off lids.
Magasin à acier
Steel room
Magasin à coke
Coke shed

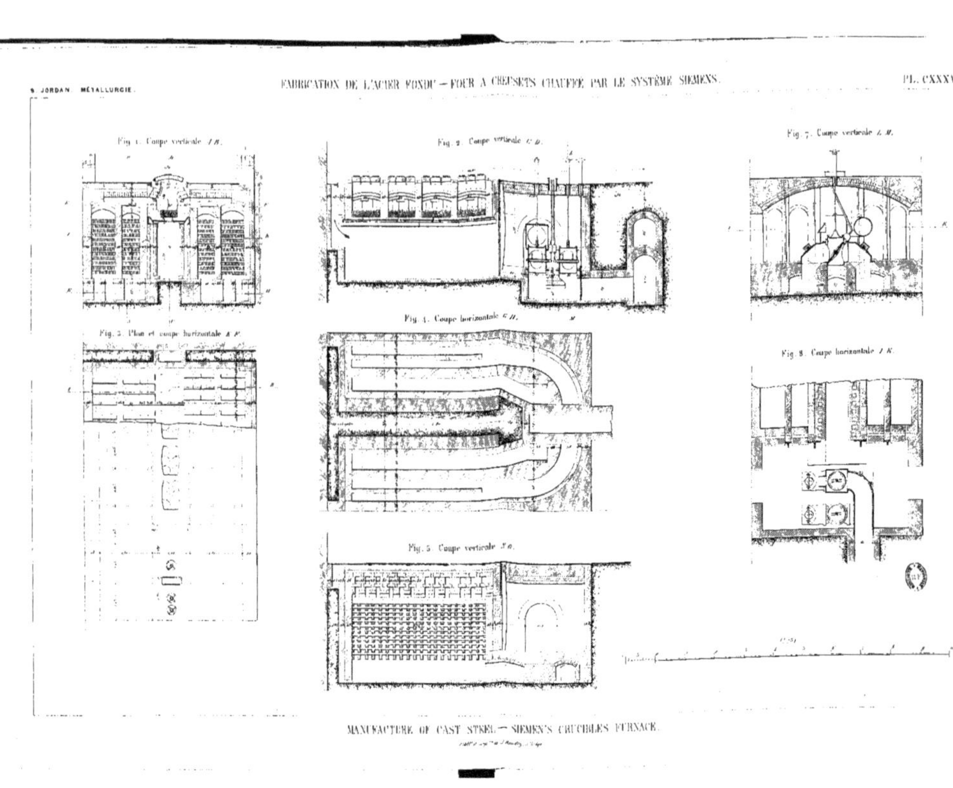

MANUFACTURE OF CAST STEEL — SIEMEN'S CRUCIBLES FURNACE.

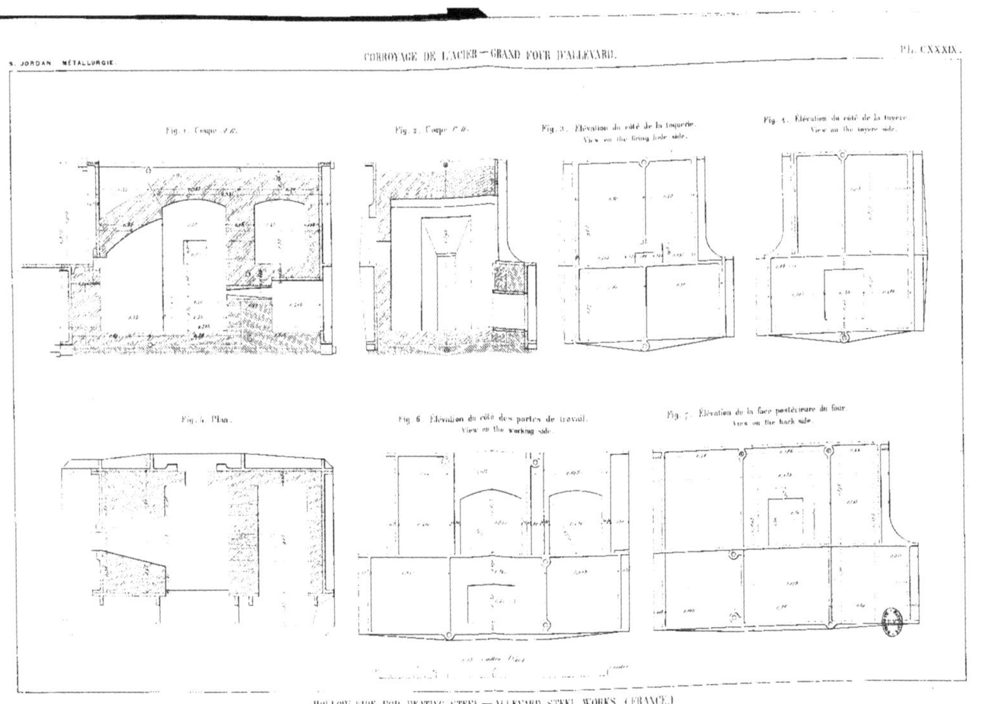

HOLLOW FIRE FOR HEATING STEEL. — ALLEVARD STEEL WORKS. (FRANCE.)

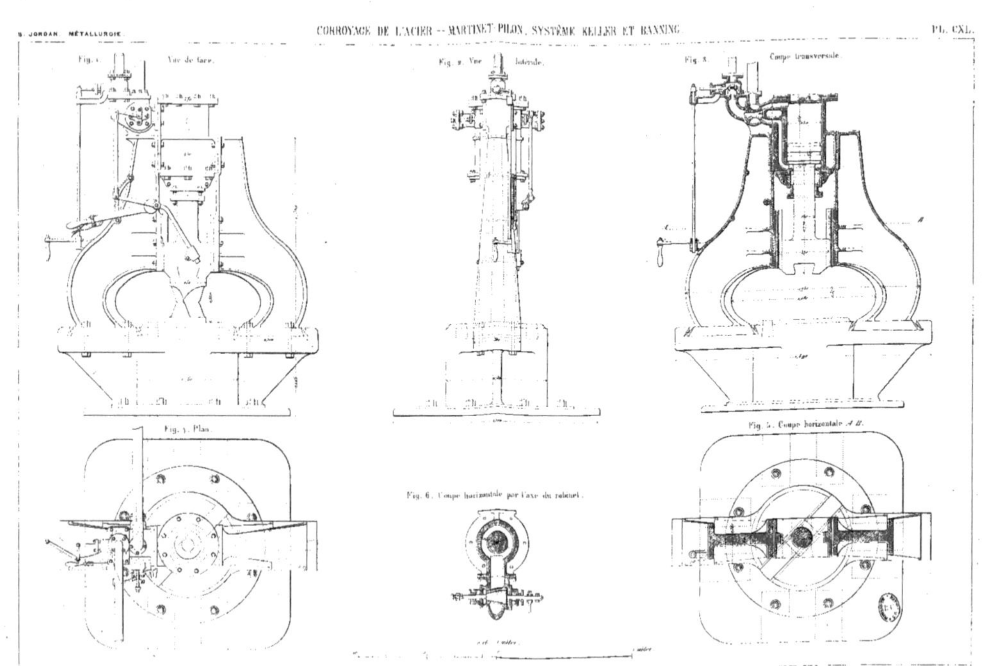

TILTING STEEL. — KELLER AND BANNING'S STEAM HAMMER